W0260338

WUPPERTAL TEXTE

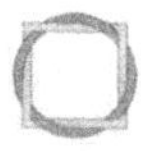 Wuppertal Institut für Klima,
Umwelt, Energie

 Handwerkskammer Hamburg

 Institut für Zukunftsstudien
und Technologiebewertung

 Fraunhofer-Institut für
Materialfluß und Logistik

 Rheinisch Westfälisches
Institut für Wirtschafts-
forschung

Die in diesem Buch dokumentierten Workshops
von fünf verschiedenen Organisationen sind Teil
des Forschungsprojekts »Dienstleistungen
2000plus«.
Sie wurden mit Mitteln des BMBF realisiert.
Die Verantwortung für den Inhalt und die redak-
tionelle Bearbeitung liegt bei den Autoren.

Paul Klemmer / Friedrich Hinterberger (Hrsg.)

Ökoeffiziente Dienstleistungen

Dokumentation einer Workshopreihe zur Intensivierung der Branchenkommunikation

- WOHNUNGSWIRTSCHAFT
  (Jürgen Galonska, Michael Scharp)

- ALTTEILE-NETZWERKE
  (Peter Kauschke, Henrik Hauser)

- AUTOHÄUSER
  (Siegfried Frick, Wolfgang Dürig)

- UMWELTZENTREN
  (Lutz Fischer, Christoph Koch)

- ARBEIT UND DIENSTLEISTUNGEN
  (Christa Liedtke, Friedrich Hinterberger)

Springer Basel AG

Die Deutsche Bibliothek — CIP-Einheitsaufnahme

Ökoeffiziente Dienstleistungen / Dokumentation einer Workshopreihe zur
Intensivierung der Branchenkommunikation
Paul Klemmer, Friedrich Hinterberger (Hrsg.). – Berlin ; Basel ; Boston : Birkhäuser.
1999
   (Wuppertal Texte)

NE: Klemmer [Hrsg.]

© Springer Basel AG 1999
Ursprünglich erschienen bei Wuppertal Institut, Döppersberg 19, D-42103 Wuppertal 1999

Gestaltung: Dorothea Frinker, Wuppertal Institut
Umschlaggestaltung: Matlik & Schelenz, Essenheim
Fotos: Andreas Fischer, Rainer Hollenbach, Dieter Oelschner,
Kornelia Stanetzki, Rolf Weinert
Produktmanagement: Wolfram Huncke
Produktion der Buchreihe: Hans Kretschmer
Gedruckt auf säurefreiem Papier, hergestellt aus chlorfrei gebleichtem Zellstoff. ∞

ISBN 978-3-7643-6138-9   ISBN 978-3-0348-6356-8 (eBook)
DOI 10.1007/978-3-0348-6356-8

9 8 7 6 5 4 3 2 1

Inhalt

Vorwort

Das vom Bundesministerium für Bildung, Wissenschaft und Forschung initiierte und in Projektträgerschaft der DLR durchgeführte interdisziplinäre Forschungsprogramm »Öko-effiziente Dienstleistungen als strategischer Wettbewerbsfaktor zur Entwicklung einer nachhaltigen Wirtschaft« stellte für alle Beteiligten eine Herausforderung dar, weil in vielen Bereichen Neuland betreten wurde und die Aufgabe zudem recht anspruchsvoll war. Es galt neue Dienstleistungen zu identifizieren und zu analysieren, die sich durch Öko-Effizienz – definiert als eine im Vergleich zu marktgängigen Leistungen geringere Material- und Energieintensität bei gleichem oder höherem Kundennutzen – auszeichnen. Überraschend ist, welche Vielfalt von innovativen Lösungsansätzen im Ergebnis der Projektarbeiten vorliegt, die nicht zuletzt für die Praxis von Bedeutung ist.

Die Projektpartner hatten sich deshalb entschieden, die Ergebnisse des Projektes kompetenten Praktikern der betroffenen Branche vorzustellen und die Möglichkeiten einer praktischen Umsetzung der Lösungsansätze mit ihnen zu diskutieren. Unter dem Stichwort »Branchenkommunikation« wurden von vier Forschungsinstituten und einer Handwerkskammer fünf Workshops konzipiert und realisiert. Bei diesen Workshops kamen vor allem Unternehmer zu Wort, die sich mit den Ideen und Vorschlägen aus dem Forschungsprojekt kritisch, konstruktiv und interessiert auseinandersetzten.

Die vorliegende Dokumentation faßt zum einen die jeweils von den Mitgliedern des Forschungsverbundes erzielten Ergebnisse zusammen und gibt zum anderen die Referate und Diskussionen der Workshops wieder. Die Referate wurden von den Betreuern der

Workshops zusammengefaßt. Besonderen Stellenwert wurde der Wiedergabe der Diskussionen eingeräumt.

Den Organisatoren der Workshops in den Forschungsinstituten bzw. der Handwerkskammer Hamburg ist für ihr großes Engagement zu danken, mit dem sie sich um kompetente Referenten bemüht und die in relativ kurzer Zeit zu bewältigenden Organisationsaufgaben gelöst haben. Zu danken ist aber auch in besonderem Maße den Referenten sowie den Teilnehmern der Workshops, die sich an den durchgängig lebhaften Diskussionen beteiligt haben.

Bei der Dienstleistungsinitiative des BMBF geht es wesentlich darum, bestehende Innovationsbarrieren zu überwinden und Kristallisationskerne der Zusammenarbeit zwischen Wirtschaft, Wissenschaft und Politik im Dienstleistungsbereich entstehen zu lassen. Mit den Workshops wurde hierzu ein originärer Beitrag geleistet. Vielfach kamen in diesen Veranstaltungen erstmals Vertreter aus ganz unterschiedlichen Bereichen zusammen, was es gestattete, die vorgestellten Lösungsansätze aus den unterschiedlichsten fachlichen Perspektiven zu diskutieren und einer kritischen Prüfung zu unterziehen. Dem BMBF ist für die Initiative und die finanzielle Unterstützung des Projektes zu danken. Herrn Dr. Ernst vom Projektträger DLR sei herzlich für die konstruktive und engagierte Unterstützung des Forschungsvorhabens gedankt.

Schließlich gebührt Wolfram Huncke unser herzlicher Dank für sein großes Engagement als Lektor und Producer der vorliegenden Dokumentation.

Essen, Wuppertal, im März 1999

Dr. Friedrich Hinterberger
komm. Leiter der Abteilung Stoffströme und Strukturwandel,
Wuppertal Institut für Klima, Umwelt und Energie, Wuppertal

Prof. Dr. Paul Klemmer
Präsident des Rheinisch-Westfälischen Instituts für
Wirtschaftsforschung (RWI), Essen

1. Workshop
Dienstleistungen der Wohnungswirtschaft für den Mieter

Akzeptanz • Beschäftigungseffekte • Ökoeffizienz

veranstaltet von der FWI Führungsakademie der Wohnungs- und Immobilienwirtschaft e.V. und dem IZT-Institut für Zukunftsstudien und Technologiebewertung am 8. September 1998 in Berlin.

Dr. Michael Scharp

IZT – Institut für Zukunftsstudien und Technologie-
bewertung, Berlin

*Die Wohnungswirtschaft muß
die Nachhaltigkeit als Managementaufgabe ansehen. Gerade
in einer Zeit, wo der Umweltschutz nachrangig hinter
Arbeit, Soziales und Sicherheit
zu stehen scheint, muß das
Management sich das Konzept
der Nachhaltigkeit zu eigen
machen, um die Weichen für
die Zukunft zu stellen.*

Michael Scharp

Nachhaltigkeit, Dienstleistungen und Ökoeffizienz

Einführung

Die Diskussion über die Nachhaltigkeit stützt sich auf die drei Felder Ökonomie, Soziales und Ökologie (siehe den Vortrag R. Kreibich). In jedem der drei Felder gibt es starke Bezüge zu der Wohnungswirtschaft und Dienstleistungen (siehe die Vorträge H. Wirries und W. Huber). In ökonomischer Hinsicht hat das Kerngeschäft der Wohnungswirtschaft einen hohen volkswirtschaftlichen Stellenwert, der wesentlich höher liegt als z.B. der der Automobilindustrie. Damit erhalten auch flankierende Dienstleistungsangebote einen hohen Multiplikatoreffekt, der gesellschaftspolitisch, wirtschaftlich, beschäftigungspolitisch und ökologisch bedeutsam ist (siehe den Vortrag J. Galonska). Aus ökologischer Sicht ist zu berücksichtigen, daß das Bedarfsfeld Wohnen und die Gebäudeerstellung zu den größten Verursachern von Umweltbelastungen zählen (siehe den Vortrag R. Kreibich). In sozialer Hinsicht erfüllt die Wohnungswirtschaft ein existentielles Grundbedürfnis des Menschen durch die Bereitstellung von Wohnraum in einem lebenswerten Umfeld (siehe den Vortrag W. Hoppenstedt).

Die Wohnungs- und Immobilienwirtschaft befinden sich derzeit in einem Spannungsfeld aus verschiedenen Verpflichtungen und neuen Anforderungen. Sie soll wie alle Wirtschaftszeige ihren Beitrag zu einer nachhaltigen Entwicklung liefern. Gleichzeitig muß sie aufgrund veränderter politischer und ökonomischer Rahmenbedingungen ihre wirtschaftliche Situation verbessern. Letztendlich muß sie auf strukturelle Veränderungen der Bevölkerung reagieren. Einer der gesellschaftlich relevantesten Trends – die Individualisierung –

steht in einem engen Zusammenhang mit den ökologischen Wirkungen der Wohnungs- und Immobilienwirtschaft. Die Individualisierung führt zum Ansteigen der Haushaltszahlen und einer wachsenden der Inanspruchnahme von Wohnraum. Verstärkt wird dieser Trend durch den stetig wachsenden Wohlstand, so daß die durchschnittlichen Wohnflächen pro Bewohner stetig steigen. Diese Entwicklung ist natürlich mit einer zunehmenden Belastung der Umwelt verbunden, denn mehr Wohnraum pro Person bedeuten:

- steigende Stoffströme für die Gebäudeerstellung;
- steigender Landschaftsverbrauch für den Platz der Gebäude;
- steigende Versiegelung der Landschaft durch die Bebauung;
- steigender Energieverbrauch für Wärme und Strom sowie
- steigende Verkehrsbelastung durch die Landschaftserschließung.

Nachhaltigkeit und Dienstleistungen

Eine Möglichkeit, sich den vielfältigen Anforderungen der Nachhaltigkeit zu nähern und Lösungen für gesellschaftliche und ökologische Problemsituationen unter den spezifischen ökonomischen Bedingungen der Wohnungs- und Immobilienwirtschaft zu finden, ist das Angebot von Dienstleistungen. Jede Dienstleistung hat jedoch soziale, ökonomische und ökologische Aspekte. Von den zahlreichen möglichen Dienstleistungen sind von besonderem Interesse die »ökoeffizienten Dienstleistungen«. Ökoeffiziente Dienstleistungen versuchen, die Bedürfnisse der Menschen (Kunden, Mieter, Nutzer) zufriedenzustellen und gleichzeitig die Stoff- und Energieströme sowie die Belastungen der Ökosphäre auf ein für die Natur tragfähiges Minimum zu reduzieren.

Ökoeffiziente Dienstleistungen 1. Ordnung
Ökoeffiziente Dienstleistungen 1. Ordnung sind Dienstleistungen, die von vorneherein mit dem Ziel angeboten werden, ökologisch positive Effekte hervorzubringen. Beispiele hierfür sind:

Ökologisches Bauen und Sanieren	Wasser- / Abwasserdienstleistungen
Mobilität / Verkehr	Umwelt- und Abfallberatung
Grünraumgestaltung / Mikroklima tenWohnungstausch / Umzugsmanagement	Gemeinschaftsnutzung von Produkten Modernisierungsberatung
Einbauküchen / Einbaumöbel	Energiedienstleistungen / Energiemanagement

Jede dieser Dienstleistungen hat positive ökologische Wirkungen, auch wenn sie zumeist aus wirtschaftlichen Motiven angeboten werden. Diese Wirkungen und damit auch die Handlungspielräume für die Wohnungswirtschaft als Anbieter oder Vermittler dieser Dienstleistungen lassen sich leicht an Beispielen aufzeigen.

1. Wohnungstausch und Umzugsmanagement

Wohnungstausch in Verbindung mit einem Umzugsmanagement ist eine Möglichkeit zur effizienten Nutzung des bestehenden Wohnraums und zur Vermeidung von Neubau. Die Bedarfe sind vorhanden, wie eine repräsentative Untersuchung unter Haushalten mit einer Altersgruppe ab 55 Jahren zeigt [INWIS 1996]. Hiernach empfinden 17 Prozent der Einpersonenhaushalte und 14 Prozent der Zweipersonenhaushalte ihre Wohnung subjektiv als zu groß. Damit besteht ein Potential von ca. 750.000 Haushalten, die unter bestimmten Bedingungen bereit wären, eine kleinere Wohnung zu nehmen. Der Wohnungswechsel ist zwar noch von weiteren Faktoren abhängig, aber er kann durch Informationen und durch das Angebot der Dienstleistungen gefördert werden. Untersuchungen hierzu ergaben, daß durch Wohnungstausch bei entsprechender finanzieller Unterstützung ein familiengerechter Wohnraum ohne Neubau leicht bereitgestellt werden kann.

Träger der Maßnahme	Umzüge p.a.	gewonnene Gesamtfläche
WBG Lörrach	15	396
Mülheimer WB	27	521
Allbau Essen	34	929
SAGA	317	3640
Städtische Wohnberatung Hagen	114	2790
VeboWAG Bonn	52	1084

Tabelle: Flächengewinn durch Umzugsmanagement [InWis 1996; WI/IZT 1998]

2. Energie- und Wasserdienstleistungen

Zu den ökoeffizienten Dienstleistungen zählen weiterhin die Energie- und Wasserdienstleistungen, die erhebliche Beiträge zur Ressourcenschonung leisten können. Einige Beispiele hierfür sind:

Spararmaturen	Individuelle Verbrauchsgutabrechnung
Regenwassernutzung	Dezentrale Blockheizkraftwerke mit Kraft-Wärmekopplung
Contractingmodelle	Beleuchtung (Energiesparlampen)

Zur Wärme- und Stromversorgung bieten sich vor allem Quartierslösungen an, die mittels kleiner Blockheizkraftwerke Strom und Wärme viel effektiver als zentrale Großanlagen produzieren. Heizkosten von etwas mehr als einer D-Mark pro Quadratmeter sind durchaus realisierbar.

Auch die Verwendung von Energiesparlampen und Spararmaturen kann erheblich zur Verminderung des Ressourcenverbrauchs beitragen. Hierbei gilt es, durch Aufklärungskampagnen und Modernisierungsprogramme die Potentiale auszuschöpfen. Aufgrund der stetig steigenden Nebenkosten, die sich inzwischen schon zu einer »zweiten Miete« entwickelt haben, muß es im Eigeninteresse der Wohnungswirtschaft liegen, aufklärend aktiv zu werden.

Zu einer weiteren sinnvollen Dienstleistung zum Erschließen

von Ressourcensparpotentialen gehört das Contracting, das im öffentlichen und gewerblichen Bereich schon breite Verwendung findet. Der Grundgedanke hierbei ist, daß ein dritter Akteur durch Modernisierungsmaßnahmen für Energie oder Wasser die Sparpotentiale erschließt und die Investititonskosten durch die eingesparten Ressourcenkosten gedeckt werden, wobei der Nutzer eine Zeitlang einen über den tatsächlichen Kosten liegenden Betrag an den Contractor zahlt. Nach einer vertraglich bestimmten Zeit gehen dann die Installationen in den Besitz des Immobilieneigentümers über. Aufgrund des zusätzlichen Akteurs »Mieter« ist dieses Modell derzeit problematisch, da dieser einen Anspruch auf verbrauchsabhängige Kostenberechnung hat und somit nicht für fiktive Ressourcenkosten aufkommen muß. Da sich dieses Modell jedoch ausgezeichnet bewährt hat, müssen auch für die Wohnungswirtschaft derartige Lösungen versucht werden, um sie z.B. für Fenstermodernisierungen, Fassaden oder Energiesysteme zu nutzen.

3. Gemeinsame Produktnutzung
Bei der gemeinsamen Produktnutzung steht der Gedanke im Vordergrund, daß wir Produkte um des Nutzens und nicht des Besitzens willens benötigen. Es gibt verschiedene Typen:

- Sharing: Gemeinsame Nutzung, offener Nutzerkreis (Beispiel Kraftfahrzeug)
- Pooling: Gemeinsame Nutzung, beschränkter Nutzerkreis (z.B. Heimwerkergeräte)
- Leasing: Individuelle Nutzung, offener Nutzerkreis (alle Güter)

Von entscheidender Bedeutung ist hierbei die Angebotsform. Je intensiver Produkte genutzt werden, desto einfacher muß der Leihvorgang gestaltet werden. So werden Teppichreiniger und Handwerksgeräte nur selten gebraucht, weshalb der Nutzer eine größere Toleranz zum Leihaufwand hat und auch weitere Wege in Kauf nimmt. Produkte des alltäglichen Lebens mit hoher Nutzerfrequenz wie z.B. Staubsauger hingegen haben ein hohe Schwelle für gemeinschaftliche Nutzung. Ein wesentliches Hemmnis ist der allzuoft sehr geringe Kaufpreis. Somit kommt es vor allem auf die Rahmenbedingungen an, unter denen die Produkte für eine gemeinsame Nutzung zugänglich gemacht werden. Hierbei können Concierge-Konzepte eine wesentliche Rolle spielen, die z.B. Fax- oder Heimwerkergeräte bereithalten könnten.

4. Möbel- und Wäschezentren

Ein weiteres Aktionsfeld zur Verringerung der Stoffströme wären der Einbau von Wandschränken oder die Bereitstellung von Küchen- oder Badmobiliar. In der Schweiz und den USA werden sehr häufig in den Mietwohnungen Wandschränke eingebaut, so daß die individuelle Beschaffung unnötig ist. Auch dies kann zur Minimierung von Stoffströmen beitragen. Beispiele für derartige Bauweisen finden sich in den ehemaligen Alliertenwohnungen in Berlin. Eine weitere Möglichkeit ist der feste Einbau von Küchen in Mietwohnungen. Ein Mieter, der für eine beschränkte Zeit eine Mietwohnung bezieht, wird nur selten eine hochwertige Massivholzküche mit einer Lebensdauer von 50 Jahren einbauen lassen. Spanplattenküchen haben eine Lebensdauer von weniger als zwanzig Jahre. Somit müssen zweieinhalb Küchen der einfachen Bauweise hergestellt werden, um die gleiche Lebensdauer zu haben. Damit verbunden sind wesentlich höhere materielle und energetische Aufwendungen [WI/IZT 1998].

Eine weitere Möglichkeit zur Reduzierung von Stoffströmen sind die heute wieder im verschwinden begriffenen Wäschezentren. Derartige Einrichtungen können mit Industriegeräten ausgestattet werden. Sie liegen vom Preis her doppelt so hoch wie eine hochwertige Marken-Waschmaschine. Aber diese Geräte haben mit mehr als 30.000 Waschzyklen auch eine achtmal so hohe Lebenserwartung wie einfache Maschinen, sind mit einem Wasserrückgewinnungssystem für die Vorspülung und automatischen Dosiervorrichtungen für die Spülmittel ausgestattet. Hierdurch können Ressourcenpotentiale von einem Faktor 40 im Gegensatz zu normalen Waschmaschinen ausgeschöpft werden. Derartige Geräte eignen sich besonders für die Gemeinschaftsnutzung, wobei jedoch solche Konzepte modern angelegt werden müssen, d. h. die Wäschezentren dürfen nicht in Kellerräumen oder separaten Gebäuden liegen, sie müssen sauber und hell sein und der Zugang muß jederzeit und leicht möglich sein [IZT 1997].

Ökoeffiziente Dienstleistungen 2. Ordnung

Ökoeffiziente Dienstleistungen 2. Ordnung sind ökologisch optimierte Dienstleistungen. Hierunter fallen eigentlich alle anbietbaren Dienstleistungen (siehe Vortrag J. Galonska). Die wesentlichen Effekte bei der ökologischen Optimierung von Dienstleistungen sind Einsparungen von Ressourcen, Verminderungen von Umweltbelastungen und Möglichkeiten zur Vermeidung von Verkehr:

- Reinigungsdienste können umweltverträgliche Reinigungsmittel verwenden;
- Mieterberatungen können um Informationen zur Minimierung der Nebenkosten durch moderne Technologien ergänzt werden;
- Sicherheitsdienstleistungen wie Home-Sitting mittels Videoüberwachung können On-Line erfolgen und Kontrollfahrten vermeiden und
- Hauswarte können selten genutze Produkte zur Renovierung bereitstellen.

Fazit

Die Wohnungs- und Immobilienwirtschaft kann eine Schlüsselfunktion bei der Verbreitung von Dienstleistungen einnehmen. Durch vielfältige Maßnahmen kann sie Dienstleistungen unterstützen (Personal, Infrastruktur bereitstellen, Kooperationen eingehen). Sie muß jedoch geeignete Modelle für das Angebot von Dienstleistungen entwickeln. Dies könnten z.B. Dienstleistungsagenturen in den Geschäftsstellen, Hauswarte mit einem erweiterten Tätigkeitsspektrum als Wohndienstleister oder Concierge-Konzepte sein. Diese Dienstleistungsangebote können nicht nur die Attraktivität von Wohngebäuden steigern und Wettbewerbsvorteile einbringen, sondern können auch positive ökologische Effekte erzielen. Die Wohnungswirtschaft muß jedoch die Nachhaltigkeit als Managementaufgabe ansehen. Gerade in einer Zeit, wo der Umweltschutz nachrangig hinter Arbeit, Soziales und Sicherheit zu stehen scheint, muß das Management sich den Gedanken der Nachhaltigkeit zu eigen machen, um die Weichen für die Zukunft zu stellen.

Dr. Jürgen Galonska

Geschäftsführ der FWI
Führungsakademie der
Wohnungs- und Immo-
bilienwirtschaft e.V.,
Bochum

*Die neue Nachfrage nach
Dienstleistungen resultiert aus
völlig neuartigen Konsum-
wünschen, aus Bequemlich-
keitsansprüchen, aus Kommunikationsbedürfnissen, aus
Sicherheitsansprüchen und aus
dem Bedürfnis nach Betreuung
und Pflege. Zum anderen aber
auch aus Ansprüchen nach
professioneller und kompetenter
Beratung, technischem Service,
ökologischer Effizienz und
Ressourcenschonung.*

Jürgen Galonska

Neue Dienstleistungen in der Wohnungswirtschaft im Überblick

Dienstleistungen und Wohnungswirtschaft

Ende des nächsten Jahrzehnts werden nach Einschätzung maßgeblicher Fachleute nahezu 80 Prozent der Menschen im Dienstleistungssektor tätig sein. Mindestens die Hälfte der Dienstleistungen wird dabei im weitesten Sinne mit Kommunikation zu tun haben. Diese globale Entwicklung von der Industriegesellschaft hin zu einer postindustriellen Dienstleistungsgesellschaft wird dann zwangsläufig auch die Wohnungswirtschaft prägen. Schon heute sind Angebot und Nachfrage nach Wohnraum von zahlreichen Dienstleistungen rund um die Immobilie flankiert.

Aus der Tatsache einer insgesamt befriedigenden Grundversorgung und der prosperierenden Entwicklung der zurückliegenden Jahrzehnte resultiert eine zusätzliche »Wohlstandsnachfrage«, die sich auch im Bereich des Wohnens als Nachfrage nach zusätzlichen Leistungen manifestiert, d. h. das Anspruchsspektrum erweitert sich, und das Angebot muß sich entsprechend dieser Nachfrage entwickeln. Dies beschreibt die typische Marketing-Fragestellung, bei der es darauf ankommt, das Angebot möglichst weitgehend auf die Wünsche und Ansprüche der Kunden zuzuschneiden.

Die neue Nachfrage nach Dienstleistungen resultiert also aus völlig neuartigen Konsumwünschen, aus Bequemlichkeitsansprüchen, aus Kommunikationsbedürfnissen, aus Sicherheitsansprüchen, aus dem Bedürfnis nach Betreuung und Pflege etc., aber auch aus Ansprüchen nach professioneller und kompetenter Beratung, technischem Service, ökologischer Effizienz und Ressourcenschonung sowie dem Wunsch, möglichst alles aus einer Hand zu erhalten und

möglichst nur einen oder mindestens nur einige Ansprechpartner
für das gewünschte Leistungspaket in Anspruch nehmen zu müssen.

Aus dem Blickwinkel der Anbieter lassen sich Dienstleistungen
rund um das Wohnen nach verschiedenen Kategorien unterscheiden. Zum einen können derartige Dienstleistungen *das Angebot
abrunden*. Besonders im Rahmen der sozialen Dienstleistungen stellt
eine solche Zusatzleistung oftmals mit Blick auf die verschiedensten
Zielgruppen eine sine qua non dar. Zum anderen können flankierende Dienstleistungen als zusätzliche *neue Geschäftsfelder* im Sinne
einer komplementären Diversifizierungsstrategie des Unternehmens
zum Ausgleich von Risiken begriffen werden. Hierbei sind wirtschaftliche Ergebnisse zu verzeichnen, die je nach Intensität in einer
bestimmten Relation zum Kerngeschäft stehen. Und schließlich können derartige Dienstleistungen zu völlig *eigenständigen Geschäftsfeldern*
ausgebaut werden, die primär auf die Erzielung zusätzlicher
Gewinne abzielen. Diese Aktivitäten sollten möglichst im Sinne
eines eigenen Profit-Centers entwickelt und geführt werden, um
jederzeit eine betriebswirtschaftlich einwandfreie Beurteilung vornehmen zu können. Aus haftungsrechtlicher Sicht spricht ebenfalls
einiges für eine Auslagerung und unternehmensrechtliche Ver-
selbständigung, wobei es eines der zentralen Probleme darstellt,
auch in den neuen Dienstleistungsaktivitäten die notwendigen
Kompetenzen zu entwickeln bzw. hinzuzuerweben.

Diese Fragen muß jeder Anbieter für sich nach Einschätzung
seiner Potentiale und Parameter entscheiden. Entsprechend unterschiedlich sind denn auch die am Markt befindlichen Angebote. Wir
können generell unterscheiden zwischen

- sozialen Dienstleistungen,
- gewerblichen Dienstleistungen und
- öffentlichen Dienstleistungen.

Soziale Dienstleistungen

Die sozialen Dienstleistungen sind in der Regel typische Dienstleistungen, die das Wohnraumangebot nicht zuletzt aus der Philo-

sophie der unterschiedlichen Gesellschafter zielgruppengerecht abrunden. Hierunter fallen sowohl beratende, betreuerische sowie pflegerische Leistungen als auch kommunikative Angebote, die das Miteinander und die Integration bzw. Vernetzungen der verschiedenen Kundensegmente unterstützen und damit auch einem sozialen Kontakt- und Beziehungsbedürfnis entgegenkommen, wie z. B:

Mieter- und Schuldnerberatung	Einkaufsdienste/ Essen auf Rädern
Ämterbetreuung für bestimmte Mietergruppen (z.B:Meldeamt, Wohngeldstelle, Sozialamt, Ausländeramt)	Gemeinschaftseinrichtungen (z.B. Jugend- u. Seniorentreffs, Kinderhorte, Freizeiträume, Saunen, Gästeappartements)
Betreuungsdienste für Kleinkinder, Alte, Kranke, Behinderte und Alleinerziehende	Pflegedienste/Sozialstation (Krankenpflege, Altenpflege, Behindertenpflege)
Wohnungsbetreuung bei Abwesenheit	Mieterfeste/Mieterzeitungen
Umzugshilfen, Wohnungstauschbörsen etc.	

Grundsätzlich müssen derartige Angebote der Wirtschaftlichkeitsbetrachtung des Anbieters stand halten, sei es über eine Vermeidung sonst auftretender Kosten, sei es über eigene kostendeckende Gebühreneinnahmen, sei es, daß eigens hierfür neue Rechtskonstruktionen kreiert werden, wie z.B. die Gründung eines Vereins für den Betrieb des siedlungseigenen Hallenbades oder der Sauna oder den Dienst »Essen auf Rädern« etc., der die Unterstützung des Unternehmens erfährt.

Gewerbliche Dienstleistungen

Die gewerblichen Dienstleistungen beschreiben in hohem Maße neue Geschäftsfelder im Rahmen gewinnorientierter Komplementärleistungen und risikomindernder Diversifizierungsstrategien, wie z.B. Arztpraxen, Anwaltspraxen usw. Allerdings haben Gewerbeimmobilien heute ihre eigene Problematik, so daß jeder Investor seine Investitionsentscheidungen in diesem Segment schon sehr sorgfältig prüfen muß. Neue Akzente jedoch haben teilweise Energieversorgungsleistungen im Rahmen von Fern- oder Blockheizkraftwerken oder Kommunikationsdienstleistungen im Rahmen von Kabel- bzw. Antennenbau oder Multimediaangeboten erfahren.

Öffentliche Dienstleistungen

Als Partner der öffentlichen Hände haben Wohnungsunternehmen in letzter Zeit ebenfalls eine Reihe von Aufgaben übernommen, die zu eigenständigen Dienstleistungen geworden sind. Die Landesentwicklungsgesellschaften und Heimstätten hatten hier immer schon ihren Tätigkeitsschwerpunkt. Für die große Zahl der Wohnungsunternehmen jedoch sind diese Aufgaben vielfach neu. Zu nennen sind in diesem Zusammenhang vor allem Erschließungsaufgaben für die Kommunen, was vielfach zu einer erheblichen Beschleunigung der Entscheidungen und der Finanzierungen führt. Ein wachsendes Aufgabenfeld waren ferner in der Vergangenheit der Bau von Sozial- und Kommunalbauten sowie die Infrastrukturentwicklung für Kommunen bzw. für öffentliche Institutionen, die Projektentwicklung und Revitalisierung für gewerbliche- und verkehrliche Brachen sowie die Altlastensanierung.

Heinz Wirries

Telematische Dienstleistungen mit Informations- und Kommunikationstechnik – Dienstleistungen mit MultiMedia

MultiMedia als ein neues Geschäftsfeld

Die GSW verändert sich wie viele Wohnungsunternehmen zu einem Dienstleistungsunternehmen. Neben der klassischen Dienstleistung »Wohnungsvermietung« sollen zusätzliche Dienstleistungen »rund um die Vermietung« zur Kundenbindung beitragen und zur Kundenwerbung führen. Hierzu gehören Service-Wohnen, Versicherungsangebote für Mieter und eben auch Dienstleistungen im Bereich MultiMedia. Dabei bestehen drei Zielrichtungen:

- Ertrag stärken
- Beschäftigung sichern
- Kundenorientierung.

Die Ertragsverbesserung soll durch neue Geschäftsfelder und damit auch aus MultiMedia-Aktivitäten erfolgen, weil der Ertrag aus Miete in absehbarer Zeit relativ konstant bleiben dürfte. Mieterhöhungen stehen Forderungsausfälle und Mietausfälle durch verstärkte Mieterwechsel gegenüber. Ebenso können erforderliche Rationalisierungen im Vermietungskerngeschäft durch einen Beschäftigungsausgleich in den neuen Geschäftsfeldern gefunden werden.

Breitbandkabelnetze als Ausgangspunkt von MultiMedia-Aktivitäten

Die GSW steht bei der Entwicklung von MultiMedia-Diensten noch am Anfang. Es gibt jedoch mehrere Projekte in der Experimentierphase. Kern der MultiMedia-Aktivitäten ist derzeit die Übernahme

Dr. Heinz Wirries

Geschäftsführer der GSW
Gemeinnützige Siedlungs-
und Wohnungsbaugesell-
schaft Berlin mbH

*Die Ertragsverbesserung in der
Wohnungswirtschaft soll durch
neue Geschäftsfelder und damit
auch aus MultiMedia-Aktivitäten erfolgen, weil der Ertrag
aus Miete in absehbarer Zeit
realtiv konstant bleiben dürfte.
Miterhöhungen stehen Forderungsausfälle und Mietausfälle
durch verstärkte Mieterwechsel
gegenüber. Ebenso können
erforderliche Rationalisierungen im Vermietungskern-
geschäft durch einen Beschäftigungsausgleich in den neuen
Geschäftsfeldern gefunden
werden.*

der Breitbandkabel-Netze in den Wohnanlagen, die bisher verschiedenen Betreibergesellschaften überlassen wurden. Die GSW hat im letzten und in diesem Jahr alle auslaufenden Breitbandkabelbetreiberverträge nicht erneuert und die Netze in die eigene Bewirtschaftung übernommen. Hiervon sind 43.000 Wohnungen im ehemaligen Westteil Berlins betroffen. In diesem Jahr wurden die Umrüstung und der Ausbau der Netze begonnen. Ebenso wurden noch vorhandene Gemeinschaftsantennenanlagen durch Breitbandkabelnetze ersetzt. Für alle 43.000 Wohnungen entsteht ein Vollsternnetz mit 862 MHz, das rückkanalfähig ist. Somit kann der Mieter Angebote annehmen aber auch hierauf aktiv antworten. Darüber hinaus erfolgt auch eine Netzoptimierung hinsichtlich der Signaleingabestellen der DTAG. Wir rechnen mit etwa 11 Millionen DM Investition in den nächsten sechs Jahren.

Das BK-Netz-Engagement der GSW erfolgt aus zwei Gründen: Zum einen kann und soll die *Gebäudesteuerung* künftig über das BK-Netz erfolgen, die Bestandteile der Wohngebäude sind. Zum anderen ist das BK-Netz der Zugang zu den Kunden. Da die Nutzer von MultiMedia-Angeboten zugleich die Kunden des Wohnungsunternehmens als Mieter sind, ist es naheliegend, den Einfluß auf den Kundenzugang für das Wohnungsunternehmen zu sichern.

Für die nächsten fünf Jahre sind die Netze an die bisherigen Betreibergesellschaften verpachtet. In dieser Zeit soll zum einen der Markt beobachtet werden, um mit Auslaufen der Pachtverträge neue Entscheidungen treffen zu können. Zum anderen wird die Zeit zum Aufbau des notwendigen Betreiber-Know-hows benötigt.

Die Pachtverträge sehen nur das Recht der Leitungsnutzung für die herkömmlichen Fernseh- und Rundfunkprogramme vor. Darüber hinausgehende Leitungsrechte müssen ergänzend vereinbart werden. Vorbehalten hat sich die GSW die Nutzung der BK-Netze auch in der Pachtzeit für Gebäudesteuerung und -überwachung und für die Einsatzführung eines Mieterkanals sowie für den Einsatz neuer Medien wie z.B. Pay-TV.

Die BK-Netze bestehen als Inselnetze, wobei sie entsprechend der Wohnanlage 1.000 bis 2.000 Wohnungen umfassen können. Diese Netzinseln sollen verbunden werden, so daß von einer Stelle aus Signale eingegeben werden können (Mieterkanal) und an einer Stelle empfangen werden können (Gebäudeüberwachung). Für diese Vernetzung sollen die Netzinseln mit den dezentralen Geschäftsstellen der GSW verbunden werden. Die neun Geschäftsstellen sind bereits mit der Verwaltungszentrale verbunden, so daß nach Herstellung der Verbindung zwischen Netzen und Geschäftsstellen ein funktionierender Netzverbund hergestellt ist.

MultiMedia-Anwendungstests

Die Experimentierphase im Bereich MultiMedia findet derzeit in zwei Bereichen statt. Zum einen hat sich die GSW an einem Feldversuch zusammen mit dem Wohnungsunternehmen Stadt und Land und der Telekom beteiligt. Der Feldversuch umfaßt insgesamt 400 Wohnungen, wobei die GSW mit etwa 220 Bestandswohnungen und die Stadt und Land mit etwa 100 Neubauwohnungen beteiligt sind. Ziel des Feldversuches ist, verschiedene MultiMedia-Anwendungen und deren Nutzung durch Mieter zu testen. Zum anderen hat die GSW mit der Telekom eine Arbeitsgemeinschaft für ein weiteres Wohnungsgebiet gebildet. Dieses Gebiet umfaßt 1000 Eigentums- und Wohnungen des 1. und 2. Förderweges. Auch hier sollen technische und wirtschaftliche MultiMedia-Anwendungen sowohl im BK- als auch im TK-Netz getestet werden.

Die Betreuung der Anwendungsversuche und die Weiterentwicklung des Themas MultiMedia innerhalb der GSW sowie die Betreuung der übernommenen BK-Netze erfolgt durch zunächst zwei Mitarbeiter. Die BK- und TK-Anwendungsversuche sollen aus Überschüssen des BK-Netzes erwirtschaftet werden.

Anlagen- und Wohnungssicherheit
In einem Versuch in Spandau wird ein Spielplatz mit einer Videokamera überwacht. Die Bilder werden über die vorhandene Breitbandkabelanlage in die angeschlossenen Wohnungen übertragen. Dies ermöglicht den Mietern die Spielplatzbeobachtung über den Fernseher in der Wohnung. Für die Mieter mit Kindern bedeutet das mehr Sicherheit. Die Wohnung ist auf einmal einem Einfamilien-

haus gleichgestellt, bei dem man aus einem Küchenfenster heraus die Kinder beim Spielen beaufsichtigen kann.

Die Resonanz ist erstaunlich. Fast alle Medien in Berlin haben dieses Thema aufgegriffen und über den Versuch berichtet. Die Mieter unterstützen den Versuch. Eine kritische Begleitung kam allerdings durch den Datenschutzbeauftragten obwohl die GSW alle datenschutzrelevanten Bedingungen beachtet hat: die Befragung aller Mieter, eine feste Begrenzung des Beobachtungsfeldes auf den Spielplatz, ein entsprechendes Hinweisschild am Spielplatz und der Verzicht auf jede Bildspeicherung.

Zur Übertragung wird eine Videokamera mit dem BK-Netz verbunden. Ein Verstärker bringt die Videobilder auf einem besonderen Kanal auf die Wohnungsfernseher. Die Kosten pro Spielplatz konnten mit 12.000 DM sehr gering gehalten werden. Bei den geplanten sieben Spielplätzen innerhalb der Anlage ist pro Wohnung eine Summe unter 2 DM Kosten für die Anlage einschließlich Betriebskosten kalkuliert. Problematisch ist derzeit, daß die Videobeobachtung von allen Fernsehern innerhalb des Wohngebietes möglich ist. Eine Begrenzung nur auf Mieter mit Kindern wäre nur durch entsprechende Filter möglich. Deren Kosten sind aber etwa genauso teuer wie der Einsatz der Technik insgesamt.

Die Spielplatzüberwachung kann auf andere sicherheitsgefährdete Bereiche übertragen werden wie z.B. Hochhauseingänge, kritische Wegestellen, Parkplätze, aber auch Aufzüge.

Die Sicherung der Wohnung erfolgt zum einen durch konventionelle Gegensprechanlagen mit eingebauter Videokamera über die Klingelverkabelung. Im Hauseingangsbereich ist eine Kamera eingebaut, deren Bilder auf dem Display der Gegensprechanlage zu sehen sind.

Weiterhin ist eine Verknüpfung der Videokamera mit den Fernsehern der Mieter über den BK-Anschluß möglich. Allerdings haben dann alle Mieter Einblick auf den Hauseingangsbereich. Notwendig ist hier eine Technik, die nur den über die Klingelanlage angesprochenen Mietern die Sichtkontrolle des Eingangsbereichs ermöglicht.

In der Erprobung ist außerdem die Ausstattung von Wohnungen über funkgestützte Bewegungsmelder, die über eine Funkbereichs-

zentrale im Haus oder in der Wohnung auf eine Alarmzentrale
geschaltet werden. Im Bereich Pulvermühle in Spandau haben die
Musterwohnungen im Erdgeschoß solche Bewegungsmelder. Möglich ist auch, Kontaktmelder zusätzlich oder gesondert zu montieren.
Bei Auslösung des Alarms über Bewegungsmelder oder über Kontaktmelder werden die Signale von der Funkbereichszentrale im
Haus bzw. in der Wohnung über das Telefonnetz an die Alarmzentrale der Telekom weitergegeben. Von dort erfolgt die Alarmierung
eines Beauftragten. Dies kann ein Sicherheitsdienst sein oder aber
auch die nächste Polizeidienststelle.

Erweiterte Fernsehprogramme
Insbesondere für ausländische Mieter ist der Empfang von Spezial-
programmen wichtig. Diese Fernsehversorgungslücke wird zur Zeit
über die private Installation von Satellitenschüsseln auf Balkonen
etc. ausgeglichen, da entsprechende Kabeleinspeisungen durch die
Telekom bisher unbefriedigend sind. Um das Problem der Satellitenschüsseln zu beseitigen, aber auch um die Wohnungen aufzuwerten,
besteht die Möglichkeit der Programmeinspeisung über Satelliten-
kopfstationen. Diese Stationen sind mit zwei Empfangsschüsseln
und einer Verstärkeranlage ausgestattet, die die empfangenen Signale in das BK-Netz einspeist.

Dies ist für das Wohnungsunternehmen erlaubnis- und ver-
gütungsfrei in bezug auf Urheberrechtsgebiete möglich, wenn die
Satellitenkopfstation die Wohnungen in nur einem Gebäude einschließlich benachbarter Gebäude überträgt. Kabelunternehmen
unterliegen allerdings den Verwertungsrechten. An Kosten entstehen für den Betreiber einer Satellitenanlage zwischen 12.000 und
13.000 DM je Anlage, unabhängig von der Anzahl der Wohnungen.
Eine Umlage auf alle Mieter ist im Rahmen der Betriebskostenabrechnung nicht möglich. Die Mieter schließen daher in der Regel
Einzelverträge mit den Betreibern ab. Eine Begrenzung des Zugangs
auf die von der Satellitenkopfstation eingespeisten Programme ist
derzeit nur über das Setzen von Filtern für den Nichtempfänger
möglich und damit relativ teuer. Durch die Zusatzkosten des Her-
ausfilterns als Voraussetzung für das Erheben einer nutzungsabhängigen Zusatzgebühr kann es für den Vermieter allerdings genauso

wirtschaftlich sein, auf eine solche Gebühr zu verzichten und die Programme für die Mieter kostenlos zur Verfügung zu stellen.

Mehrwertdienste und Videotextinformationen
Im Rahmen des Anwendungstestes sind folgende Mehrwertdienste vorgesehen:

Homeshopping: Angebote eines Versandhauses und eines regionalen Supermarktes	Homelearning: Angebote des Instituts für Bildung und Wissenschaft
Stadtinformation: debis mit »Berlin.de«	Mieterkanal der GSW
Gesundheitskanal	

Bei diesem Versuch werden die Wohnungen mit einer sogenannten Set-Top-Box ausgerüstet. Die Set-Top-Box entschlüsselt die über das BK-Netz hereinkommenden Signale der Fernsehprogramme, Videoangebote, Mehrwertanwendungen. Die Set-Top-Box hat gleichzeitig eine Verknüpfung mit dem Telefonanschluß, so daß Rücksignale in Form von Bestellungen, Anfragen etc. über das BK-Netz zu dem jeweiligen Betreiber gehen können.

Das Breitbandverteilunternehmen RKS hat zusammen mit FAB »Fernsehen aus Berlin« einen Videotextkanal eingerichtet, auf dem Videotexttafeln der GSW gesendet werden. Die Videotexttafeln enthalten allgemeine Informationen über die GSW, aber auch Wohnungsangebote, die von der GSW regelmäßig ausgewechselt werden.

Verbrauchserfassung, Gebäudesteuerung und –überwachung
Die Verbrauchserfassung von Heizung, Warm- und Kaltwasser, Strom und Gas erfolgt bisher konventionell über das Ablesen von Meßinstrumenten. Anstelle dessen können elektronische Verbrauchsmesser eingebaut werden, die über Kabel oder Funk pro Wohnung erfaßt werden und über BK-Netz oder TK-Netz an eine zentrale Einheit weitergegeben werden. Dort erfolgt die Verarbeitung der Daten im Rahmen der Betriebskostenabrechnung. Zusätzlich ist es aber möglich, daß der Mieter jederzeit seine Verbrauchs-

daten einsieht. Dies kann über den Fernseher erfolgen. Dabei kann er die Verbrauchsentwicklung im Laufe des Jahres, aber auch im Vergleich mit Vorjahren beobachten. Eine solche zentrale Erfassung erübrigt in der Folge die jährliche Verbrauchserfassung durch manuelle Aufnahme. Der Zutritt in Wohnungen ist nicht mehr erforderlich, der Mieter muß nicht mehr gestört werden. Ein zusätzlicher Vorteil ist die laufende Verbrauchskontrolle für den Mieter.

Der Einbau eines solchen Systems in der Wohnung mit vollständiger Verkabelung hat sich allerdings als schwierig erwiesen. Bei nachträglicher Verkabelung im Wohnungsbestand müssen die Vermietungskabel auf Putz montiert werden. Dies mag in Wohnzimmern noch wenig sichtbar möglich sein. Aber eine Verkabelung der Warmwasserzähler über den Fliesen wird von dem Mieter nicht mehr akzeptiert. Mindestens in diesem Bereich ist eine Funkversion notwendig.

Störmeldungen von Heizungsanlagen werden bei der GSW zentral erfaßt Dies erfolgt bisher durch Aufschaltung über das Telefonnetz auf die Notdienstpförtnerzentrale. Geplant ist der Aufbau einer Alarmzentrale mit Übernahme der Alarmaufschaltungen für die Heizungsanlagen. Darüber hinaus ist die Aufschaltung weiterer Gebäudeanlagen, wie z.B. von Aufzügen, von Videoüberwachungsanlagen und von Mieteralarmanlagen, vorgesehen.

Serviceleistungen
Breitbandkabelanschlüsse und Telefonanschlüsse wechseln mit dem Mieterwechsel. Bei jedem Mieterwechsel sind Abmeldungen und Anmeldungen durch den Mieter erforderlich. Im Zeichen einer stärkeren Kundenorientierung gehört die Übernahme dieser Meldungen zu den vom Wohnungsunternehmen angebotenen Dienstleistungen. Dies bedeutet, daß die Kundenbetreuer auf Wunsch des bisherigen bzw. neuen Mieters die Abmeldung des Breitbandkabelanschlusses bzw. die Ummeldung oder die Neuanmeldung vornehmen.

Da hierdurch die Breitbandkabelbetreiber bzw. die Telekom die Kosten der Bearbeitung von An- und Abmeldungen einsparen, kann das Wohnungsunternehmen diese Kosten bzw. einen Teil dieser Kosten als Leistungsvergütung verlangen. Das Wohnungsunternehmen erzielt dadurch einen zusätzlichen Deckungsbeitrag zu den Personalkosten der Kundenbetreuung.

Neben diesem Service ist auch die Vermittlung von Kabelendgeräten denkbar. So wird in einer Geschäftsstelle der GSW der Verkauf von Telefongeräten und anderen Angeboten der Telekom durch die Kundenbetreuer des Unternehmens getestet.

Willy Hoppenstedt

Mitglied des Vorstandes,
SAGA-Siedlungs-Aktien-
gesellschaft Hamburg.

*Von dem Concierge-System ver-
sprechen wir uns hohe Akzeptanz beim Mieter. Sie reicht von
der Kontrolle des Hauseingangs-
bereichs und der Aufzüge über
Schlüsselvergabe für Mieter,
Handwerker, Kindertoilette und
Gemeinschaftsräume. Auch
kann auf Wunsch der Mieter ein
Paket angenommen werden,
eine Meldung von Störungen
erfolgen und den Informationsaustausch der Mieter und die
Teilnahme an Versammlungen
der Mieter im Haus fördern.*

Willy Hoppenstedt

Concierge-Konzepte für verdichtete Wohnanlagen

Soziale Problemlagen bei großen Wohnquartieren

Die SAGA hat ca. 94.000 Wohnungen in Hamburg, davon ca. 55.000 gebundene und ca. 39.000 ohne Bindung, die sie in 11 Geschäftsstellen vor Ort verwaltet. Die Wohnungsfluktuation liegt zur Zeit über 10 Prozent. Bei Neuvermietung sind bereits seit vielen Jahren ca. ein Drittel Ausländer und ca. 30 Prozent Sozialhilfeempfänger Vertragspartner. Die Mieten betragen im Durchschnitt 7,70 DM/qm, in den gebundenen Wohnungen 7,40 DM/qm und in den Wohnungen ohne Bindung 8,20 DM/qm.

Bauliche Modernisierungsmaßnahmen zur Beseitigung von Leerständen

Mitte der achtziger Jahre führte eine Entspannung am Wohnungsmarkt zu einigen Wohnungsleerständen. Da eine Konzentration auf bestimmte größere Wohnanlagen festzustellen war, stellte sich rasch die Frage nach den Ursachen. Ausgemacht wurden zunächst bauliche Defizite, insbesondere im Eingangsbereich.

Der Eingangsbereich von Wohngebäuden hat eine symbolische Bedeutung, die weit über die rein funktionale Gestaltung hinausreicht. Er ist für Außenstehende und Besucher die »Visitenkarte« des Hauses und entsprechend auch für die Bewohner ein wichtiges Qualitäts- und Identifikationsmerkmal. Neben der funktionalen Gestaltung des Eingangsbereiches und der unmittelbaren Zuwegung spielen vor allem die Sauberkeit und das Sicherheitsgefühl eine wichtige Rolle. Ein ansprechend gestalteter und gepflegter Hauseingang zeigt Bewohnern und Außenstehenden, daß eine soziale Kontrolle vorhanden ist, und kann insofern auch positiv verhaltensbeeinflussend für den übrigen Gebäude- und Wohnungsbereich wirken.

Bei vielen Wohnsiedlungen, insbesondere aus den siebziger und frühen achtziger Jahren, ist die Eingangssituation sowohl unter architektonischen als auch unter funktionalen Gesichtspunkten stark vernachlässigt worden. Einen besonderes negativen Eindruck vermitteln die sehr versteckten, kleinen Eingangsbereiche, die bei vielen Hochhäusern vorzufinden sind und in keiner Relation zum Gebäudevolumen stehen.

Vor diesem Hintergrund sind in Hamburg in den vergangenen Jahren zahlreiche Hauseingangsbereiche und das dazugehörige Wohnumfeld in großen und kleinen Plattenbausiedlungen ausgebaut und umgestaltet worden. Die Kosten dieser Maßnahmen reichten von 40 bis 430 TDM pro Eingang oder 2 bis 28 TDM pro Wohnung.

Nach Abschluß der Maßnahmen wurde eine Evaluation der Wirkungen durchgeführt. Das Fazit und die Empfehlungen der »Analyse & Konzepte« von Juni 1997 lauten u.a. wie folgt: »Ein zentrales Ziel dieser Maßnahmen ist es, den Eingangsbereich als »Visitenkarte« des Gebäudes deutlich aufzuwerten und damit nicht nur die Identifikation der Bewohner mit »ihrem« Wohnhaus zu stärken, sondern auch die Vermietbarkeit der Wohnungen vor dem Hintergrund eines sich entspannenden Wohnungsmarktes zu verbessern. Dieser Ansatzpunkt entspricht in hohem Maße den Bedürfnissen der Bewohner. Wie die Befragung gezeigt hat, besitzen ein gepflegter, ansprechender Hauseingang und ein entsprechendes Umfeld für nahezu alle Bewohner (99 Prozent) einen sehr hohen Stellenwert.« Die Initiative für die Durchführung der Maßnahmen ging allerdings in allen Fällen von den Wohnungsunternehmen aus, die Bewohner selbst haben sich eher passiv verhalten. Dieses ist sicherlich auch ein Zeichen dafür, daß von sehr vielen Bewohnern ungünstige Zustände hingenommen werden und sich eine latente Unzufriedenheit entwickelt. Wie die Erhebungen gezeigt haben, sind häufig auch Resignationstendenzen (»man kann sowieso nichts bewegen«) zu verzeichnen. Auf der anderen Seite haben bereits umgestaltete Eingangsbereiche deutlich die Bedürfnisse von Bewohnern benachbarter Gebäude geweckt, die daraufhin intensiv bei ihren Wohnungsunternehmen nachgefragt haben.

Die durchgeführten Maßnahmen sind, unabhängig vom Umfang und der Art der Gestaltung, von allen betroffenen Bewohnern sehr positiv aufgenommen worden. Da sich keine Unterschiede in der Bewertung bei verschiedenen Untergruppen der Befragten oder bei Eingangstypen gezeigt haben, wird deutlich, daß sichtbare Verbesserungen eine breite Akzeptanz haben. Dabei spielen funktionale Gesichtspunkte vielfach eine untergeordnete Rolle. Es geht mehr um »weiche« Faktoren wie das Image und die Fremdwahrnehmung sowie das Gefühl, daß etwas zur Verbesserung der Situation in diesen »schwierigen« Wohngebieten getan wird. Die positive Bewertung der umgestalteten Eingangsbereiche zeigt sich insbesondere auch im Vergleich zu den (noch) nicht umgestalteten: 49 Prozent der Bewohner finden ihren neuen Eingangsbereich gut oder sogar sehr gut; bei den bestehenden Eingängen sind es demgegenüber nur 14 Prozent.

Die Art der Umgestaltung hat hingegen eine nachgeordnete Bedeutung. Sehr großzügig umgestaltete Eingangsbereiche wurden von einigen Bewohnern als zu »pompös« empfunden. Dabei spielt sicherlich eine Rolle, daß die überlagernden sozialen Probleme dieser Wohngebiete durch die Baumaßnahmen nicht gelöst werden können. Die meisten der untersuchten Gebiete weisen einen Anteil der Empfänger von Transferleistungen von über 60 Prozent sowie einen deutlich überdurchschnittlichen Ausländeranteil auf. Eine Reihe der Bewohner hat resigniert und ist desinteressiert, so daß sich fast die Hälfte nicht an den Erhebungen beteiligt hat. Auf der anderen Seite gibt es eine große, vergleichsweise stabile Gruppe von alteingesessenen Bewohnern, die eine positive Affinität zu »ihrem« Stadtteil haben.

Die Befragung über die Einschätzung der Maßnahmen ergab jedoch weiterführende Empfehlungen. Häufig genannt wurde bei der Befragung ein Bedarf nach sozialintegrativen Betreuungsleistungen sowie nach Freizeitmöglichkeiten für Kinder und Jugendliche. Dieser zweitgenannte Aspekt ist auch für die Hauseingangssituation von Bedeutung, denn mangels geeigneter Alternativen treffen sich häufiger Jugendliche im Hauseingangsbereich und »hängen« aus Langeweile dort herum. Dieses bringt nicht nur Farbschmierereien mit sich, sondern trägt teilweise auch zur Verunsicherung älterer Bewohner bei. Trotzdem wurden auch Sitzgelegenheiten im Außenbereich gefordert, sofern sie einsehbar und in Gruppen aufgeteilt sind. Sie sollen als Treffpunkt dienen, aber nicht die Sicherheitssituation verschlechtern. Insbesondere der letzte Punkt sollte auf jeden Falle durch eine optimale und helle Zuwegung erreicht werden. Ebenso sollte die Möblierung der Treppenhausbereiche hinter den Eingangstüren durch z.B. Papierkörbe, aber auch Grünpflanzen, Bilder oder individuell gestaltete Informationstafeln erfolgen.

Concierge-Service

Neben den positiven baulichen Veränderungen müssen auch die weichen Faktoren berücksichtigt werden, um Kommunikation, Information, Hausgemeinschaft und Nachbarschaft zu fördern. Modellhaft wurden von der SAGA, aufbauend auf den vorgenannten Erfahrungen, in Kirchdorf-Süd zwei Hochhaus-Eingänge mit Pförtnerlogen versehen.

Kirchdorf-Süd ist eine mit großformatigen Platten gebaute Großwohnanlage mit ca. 2.300 Wohnungen im wesentlichen in Hochhäusern. Es gibt kaum Arbeitsplätze und nur eine äußerst dürftige Infrastrukturausstattung. Sie hat die für viele Großwohnanlagen typischen Probleme: schlechte städtebauliche Gliederung, unzureichende Auffindbarkeit der einzelnen Häuser, fehlende Aufenthalts- und Freizeitmöglichkeiten, fehlende Nachbarschaft, Verschmutzung und Vandalismusschäden. Die Mieten betragen zur Zeit netto kalt 8,96 DM/qm, die Betriebskosten.3,94 DM/qm, die Heizkosten 0,91 DM/qm. Σ 13,81 x 69,5 qm = 960 DM.

Seit Konzipierung der Siedlung haben sich jedoch die Rahmenbedingungen erheblich verändert. Es wurden ausstattungsmäßig hochwertige Wohnungen für Menschen geschaffen, die tagsüber außerhalb der Siedlung berufstätig sind und dort auch einkaufen und ihre Freizeit verbringen. Daher wurde auf eine soziale Infrastruktur und Versorgungsmöglichkeiten verzichtet. Dieses Konzept ist nicht aufgegangen. Der Anteil der Arbeitslosen und Sozialhilfeempfänger ist gestiegen, und immer mehr Menschen halten sich auch tagsüber in der Siedlung auf. Hohe Leerstandsquoten führten Mitte der achtziger Jahre zur Erklärung der Siedlung als Sanierungsgebiet. Im Sanierungsbeschluß wird als erstes Ziel die »Verbesserung« der Wohnqualität durch Maßnahmen an Gebäuden und im Wohnumfeld genannt.

Zuerst wurden in Hausversammlungen die Anliegen der Bewohner gesammelt und gemeinsam erste Planungsszenarien erarbeitet. Neben den schon oben besprochenen baulichen Maßnahmen sollte ein Pförtnerdienst mit einem Kiosk eingerichtet werden sowie die Aufenthaltsmöglichkeiten in und vor dem Haus verbessert werden. Darüber hinaus sollte vor allem die Nachbarschaft durch Gemeinschaftsaktivitäten und Kommunikation gefördert werden. Weitergehende Ziele waren, die soziale Kontrolle zu verstärken, um Zerstörungen und Verschmutzungen zu reduzieren, sowie das Sicherheitsgefühl der Bewohner zu erhöhen. Hieraus ergaben sich folgende Maßnahmen an verschiedenen Gebäuden:

- eine Optimierung der Wegeführung mit verbesserter Beleuchtung;
- eine Neugestaltung der Spielplätze;
- eine Individualisierung der Eingangsbereiche durch unterscheidbare Eingangsvorbauten;
- eine Neugestaltung von Eingangshallen in der lichten Höhe und mit unterscheidbaren Zugängen zu Aufzügen und Treppenhäusern sowie der Reduzierung von Nebeneingängen;
- die behindertengerechte Absenkung des Niveaus der Eingangshalle auf das Straßenniveau;
- der Umzug von sozialen Einrichtungen aus oberen Geschossen in das Erdgeschoß;
- die Einrichtung von Gemeinschaftsräumen (Bewohnertreff, Jugendraum, Waschküche);
- die Einrichtung einer Kindertoilette im Eingangsbereich;

- die Schließung der Müllabwurfanlangen zur Minderung der Betriebskosten und Vermeidung von Verschmutzung und Gerüchen;
- die Einrichtung eines Kioskes, der keinen Alkohol verkauft sowie
- die Einrichtung einer gläsernen Loge für einen Pförtner in der Eingangshalle.

Im August 1995 wurden die Umbauarbeiten abgeschlossen und die Pförtner nahmen ihre Arbeit auf. Die Pförtner sind werktags von 6.00 bis 22.00 Uhr und am Wochenende von 10.00 bis 22.00 Uhr tätig. So konnten insgesamt 7 Langzeit-Arbeitslose, im wesentlichen Mieter der SAGA, eine neue Tätigkeit aufnehmen. Das Aufgabenspektrum ist breit gefächert. Von der Kontrolle des Hauseingangsbereiches und der Aufzüge über Schlüsselvergabe für Mieter, Handwerker, Kindertoilette und Gemeinschaftsräume und Entgegennahme von Paketen auf Wunsch der Mieter bis hin zur Meldung von Störungen, Informationsaustausch und Teilnahme an Versammlungen im Haus. Die Finanzierung der Baukosten ist zu ca. 30 Prozent aus Fördermitteln subventioniert worden. Die Personalkosten für die Hauswarte sind subventioniert, weil es sich größtenteils um Wiedereingliederungsmaßnahmen von Langzeitarbeitslosen handelt. Das Arbeitsamt übernimmt ca. die Hälfte der Kosten, die Behörde für Arbeit und Soziales ca. ein Drittel. Für einige Pförtner wurden befristet Mittel des Europäischen Sozialfonds bereitgestellt.

Eine begleitende Evaluation durch die GEWOS ergab u.a. folgende Erkenntnisse:

- die neuen Gemeinschaftsräume werden intensiv genutzt;
- die Maßnahmen Pförtnerloge und Pförtnerdienst haben sich bewährt;
- der Kiosk wird als Nebentätigkeit betrieben und von den Bewohnern angenommen;
- die Müllneuorganisation hat sich durch die Kontrolle bewährt sowie
- die Vandalismusschäden und die Kosten für deren Beseitigung sind im Vergleich zu zwei Referenzobjekten um ca. 50 Prozent gesunken.

Die Einrichtung der Pförtnerloge und die regelmäßige Besetzung ist das tragende Element und Bedingung für den nachhaltigen Erfolg. Durch eine Pförtnerloge wurden 3 bis 4 neue Arbeitsplätze für langzeitarbeitslose Mieter unserer Wohnanlagen geschaffen. Der Pförtner befriedigt relativ schnell das Bedürfnis der Bewohner nach Sicherheit, Sauberkeit und Kommunikation. Neue Kontakte sind entstanden, und ein Teil der Mieter hat über die erhöhte Identifikation Verantwortung für seinen unmittelbaren Lebensbereich übernommen. Die Fluktuation in den beiden Häusern lag 1997 nur bei 57 Prozent der Referenzobjekte (9,7 Prozent; 16,8 Prozent). Hieraus zieht die SAGA den Schluß, daß, wenn gravierende Probleme offenbar werden (starke Verschmutzung, hohe Vandalismusschäden, permanente Lärmbelästigungen, überdurchschnittliche Unzufriedenheit der Mieter), die sich in Angst und Unsicherheit ausdrücken und in der Folge zu Isolation, Rückzug oder gar Wegzug, und zu anhaltenden Leerstandsproblemen und Vermietungsschwierigkeiten führen, ein Hausbetreuer ein Lösungsansatz sein kann. Durch diesen Kontakt und die Intensivierung nachbarschaftlicher Begegnungen über unmittelbar angebundene Gemeinschaftsräume werden die Mieter aktiviert. Sie übernehmen Verantwortung, es entwickelt sich Nachbarschaft und eine Verantwortlichkeit für Wohnung, Haus und Umfeld. Die SAGA glaubt, daß das Concierge-Modell sicher kein Patentrezept, aber ein wirkungsvoller Beitrag ist, um die Probleme vor Ort rasch zu mildern oder gar größtenteils zu lösen. Darüber hinaus leistet sie damit zugleich einen konkreten Beitrag, um einige, meistens ältere Dauerarbeitslose wieder in Lohn und Brot zu bringen.

Wolfgang Huber

Geschäftsfüher der
ARWOBAU Apartment- und
Wohnungsbaugesellschaft
mbH, Berlin

*Grundsätzlich muß davon aus-
gegangen werden, daß Miet-
und Mietnebenkosten einen
erheblichen Teil der Haushaltsnettoeinkommen beanspruchen
und deswegen die Mieter vor
allem an kostensenkenden
Serviceangeboten (eigene
Rabatte sowie von Dritten) bzw.
geldwertem Vorteil interessiert
sind. Die Annahme der Serviceleistungen in den Objekten
gestaltet sich deshalb sehr
unterschiedlich, in Abhängigkeit von der Mieterklientel,
sozialem Status usw. Daraus
leitete sich für die ARWOBAU
ab, daß die Serviceangebote für
die einzelnen Apartment-
anlagen anzupassen sind.*

Wolfgang Huber

Service-Wohnen:
Ein Dienstleistungsangebot mit Zukunft

Einleitung

Die heutige ARWOBAU entstand aus der ARWOBAU (Berlin-West), GSG Wohnen (Berlin-West) und der ARWOGE (Berlin-Ost) in der Nachwendezeit. Seit 1996 gehört die ARWOBAU zur Unternehmensgruppe Bankgesellschaft Berlin und zeichnet in deren Immobiliensparte maßgeblich für den Bereich Vermietung und Verwaltung von Wohnimmobilien verantwortlich. Sie bietet Wohnmöglichkeiten aller Couleur von einer Nacht bis hin zu einem ganzen Leben. Die ARWOBAU versteht sich als full service provider im Bereich »Wohnen in Berlin« mit einem breiten Angebot für kurz-, mittel- und langfristiges Wohnen.

Der Immobilienmarkt läßt sich nach verschiedenen Kriterien abgrenzen. Für die Nischenmarkt-Wohnform der möblierten Apartments ist insbesondere die durchschnittliche Verweildauer von maßgeblicher Bedeutung. Das Beherbergungsgewerbe bietet Möglichkeiten des kurzfristigen Wohnens in Hotels, Pensionen, Boardinghouses und Apartmenthotels an. Auf dem Wohnungsmarkt wird der langfristige Bedarf gedeckt. Die möblierten Apartmentanlagen der ARWOBAU bilden eine Zwischen- bzw. Mischform für diese beiden Pole. Die wesentlichen Kennzeichen der Segmente sind in der nachstehenden Tabelle aufgeführt:

Kriterium	Hotellerie	Boardinghouses und Aparthotels	Apartment-anlagen	Wohnungen
Marktzuge-hörigkeit	Beherber-gungsmarkt	Beherbergungs-markt	Wohnungs-markt	Wohnungs markt
Aufenthalts-dauer und Wohn-sitzbegründung	Kurzfrist-aufenthalte in Berlin	Langfristaufent-halte von Berlin-besuchern und Geschäftsleuten	befristete Aufenthalte zwei Wohn-sitze	langfristige Aufenthalte (Zweit-/Erst-Wohnsitz)
Preisbildung	pro Nacht	pro Woche/Monat	pro Monat	pro Monat
Zimmergrößen bzw. Wohnflächen	18-30 qm	25-60 qm (Ein-/ Zwei-Zimmer	25-110 qm (Ein- bis Vier-Zimmer)	30-160 qm
Möblierung und Ausstattung	voll möbliert ohne Küche	voll möbliert mit Kitchenette	voll möbliert,mit Küchenzeile, Zu-satzausstattungen gegen Aufpreis	üblicherweise unmöbliert, z.T. inkl. Systemküchen
Service-angebot	voller Service eines Hotels (24h Rezep-tion, Telefon/ Fax, Gastrono-mie, Tagungs-bereich, Fitneß)	voller Service eines Hotels (24h Rezeption, Telefon/Fax, Gastronomie, Tagungsbereich, Fitneß)	z.T. Sport-/Frei-zeitangebote, Hausmeisterbüros Waschcenter u.ä. sowie Dienst-leistungspalette gegen Gebühren	zum geringen Teil Dienst-leistungspalette gegen Gebühren

Die Serviceinitiative der ARWOBAU

Im Bereich des mittelfristigen Wohnens in Apartments hat die ARWOBAU in Berlin einen Marktanteil von 34,9 Prozent. Hierunter fallen 8.900 Apartments in 39 Objekten in fast allen Stadtteilen in Berlin. Gleichzeitig ist die ARWOBAU auf diesem Segment der größte freie, gewerbliche Anbieter in Deutschland.

Die Mietpreise für 1- bis 4-Zimmer-Apartments liegen mit einer Größe von 30 bis 110 qm derzeit zwischen 595 und 2.180 DM pro Monat warm. Der Mietpreis beinhaltet:

- die allgemeinen Betriebskosten;
- die Wärme-, Warmwasser-, Strom- und Aufzugskosten;
- die Nutzung der Möbel und des Zubehörs;
- Hausmeisterbetreuung in jedem Objekt;
- die Mitbenutzung der Gemeinschaftsanlagen und -einrichtungen (z.B. Tennisplätze, Squashhallen, Minigolf, Sauna, Kellerbar);
- das Waschen der Gardinen;

- die Schönheitsreparaturen und
- die Vermittlung umfangreicher Serviceangebote.

Das Betriebsrisiko trägt die ARWOBAU. Somit besteht kaum Einfluß auf das Mieterverhalten, insbesondere hinsichtlich Wasser-, Stromverbrauch, Reinigungsbedarf u.ä. Zwangsläufig ergeben sich daraus höhere Kosten als bei unmöblierten Wohnungen.

Über die im Mietpreis eingeschlossenen Basisserviceleistungen hat die ARWOBAU mehrfache Serviceinitiativen gestartet, um systematisch den Markt auszutesten. Dies umfaßt zunächst einmal Informationen für Mieter, die neu in Berlin sind. Diese Informationen werden in einer Broschüre veröffentlicht und umfassen nützliche Adressen und Telefonnummern sowie Shoppingtips, Sport- und Freizeitmöglichkeiten. Weiterhin wurde eine Service-Hotline eingerichtet, die sich um Fragen und Probleme der Mieter kümmert, aber auch Aufträge entgegennimmt. Diese Aufträge können sich auf eine Vielzahl von Dienstleistungen beziehen: Apartmentreinigung, Wäschewechsel, Wäschedienste mit Abholung und Lieferung. Für Firmen kann ein Shuttle-Service zur Arbeitsstelle bereitgestellt werden. Ebenso können die Kunden der ARWOBAU über einen Vertragspartner einen Reiseservice in Anspruch nehmen. In Zusammenarbeit mit den zur Firmengruppe gehörenden BCA Hotels wird den Kunden Frühstücksservice, Catering & Partyservice sowie ein fahrbarer Mittagstisch in Kooperation mit einem privaten Anbieter angeboten.

Schon während der Pilotprojektphase hat die ARWOBAU den Mietern einen umfangreichen Einkaufsservice offeriert. Die Konditionen des ARWOBAU-Partners aus der Tengelmann-Gruppe wurden ohne Aufpreis durchgereicht. Interessanterweise sind es nicht nur Senioren und gehandikapte Personen, die den Einkaufsservice annehmen, sondern auch Mütter mit Kind oder Geschäftsleute, die während der Öffnungszeiten nicht mehr zum Shoppen kommen. Um das Handling so einfach wie möglich zu belassen, erfolgen Bestellung, Lieferung und Inkasso direkt über die Hotline des Einkaufsdienstes. Die BCA Hotels verfügen über eine eigene CTS Theaterkassen-Lizenz, die allen Mietern zugute kommt. Weiterhin können auch Zeitungen für begrenzte Zeiträume abonniert werden.

Die Meinung der Mieter zu der Serviceinitiative wird regelmäßig mithilfe eines Fragebogens erfaßt und ausgewertet. Vornehmlich in Anspruch genommen wurden die Leistungen, die in engem Zusammenhang zur Basisleistung »Wohnen« stehen wie Reinigung, Wäscheservice und Zusatzausstattungen. Grundsätzlich muß davon ausgegangen werden, daß Miet- und Mietnebenkosten einen erheblichen Teil der Haushaltsnettoeinkommen beanspruchen und deswegen die Mieter vor allem an kostensenkenden Serviceangeboten (eigene Rabatte sowie von Dritten) bzw. geldwertem Vorteil interessiert sind. Die Annahme der Serviceleistungen in den Objekten gestaltet sich deshalb sehr unterschiedlich, in Abhängigkeit von der Mieterklientel, sozialem Status usw. Daraus leitete sich für die ARWOBAU ab, daß die Serviceangebote für die einzelnen Apartmentanlagen anzupassen sind.

Während in der Vergangenheit prozentual hohe Umsatzerlöse aus den zusätzlichen Serviceleistungen gezogen werden konnten, schlägt das Kostenbewußtsein auf diese noch stärker durch. Interessant werden Servicepakte für Mieter dann, wenn Kostenersparnisse, die durch die Marktmacht des Vermieters ausgehandelt werden können, an den Mietern weitergereicht werden können (z.B. Apartmentreinigungen, Bügelservice). Insgesamt dient das Serviceangebot vor allem zur Abgrenzung von anderen Angeboten am Markt und wurde von der ARWOBAU als Produktentwicklung und Markenprofilierung verstanden. Die Service-Philosophie der ARWOBAU liegt darin, generell umfangreichere Serviceangebote als in der Wohnungswirtschaft üblich anzubieten. Die Tiefe des Serviceangebotes wird von den Ansprüchen der Mieterklientel abhängig, weshalb auch in speziellen Anlagen eine Squashhalle bzw. eine Sauna&Solariumanlage eingerichtet worden ist.

**Der Markt für möblierte Apartments –
mittelfristiges Wohnen**

Der Markt für möblierte Apartments ist keine beständige Nische, sondern aus strukturellen Umbrüchen entstanden. Quellen für eine in Deutschland einmalig hohe Nachfrage nach Zwischenformen im Wohnungsmarkt waren die Verkäufermarktsituation auf dem West-Berliner Wohnungsmarkt, Zweigniederlassungen von Konzernen, Außenstellen von Botschaften, Ministerien und Verbänden sowie viele zeitweilig in Berlin lebenden Singles.

Kennzeichnend ist, daß es sich um Dauermietverhältnisse mit monatlicher Kündigungsfrist handelt. Somit besteht Mehrwertsteuerbefreiung aber keine Mietpreisbindung. Es ist jedoch ein Irrglaube, daß über mittelfristige Möbliertvermietung zu hohe Kostenmieten auf dem Markt überwälzt werden können. Die Abnutzung durch steigende Mieterwechselfrequenz ist höher, und es fallen vergleichsweise hohe Aufwendungen für möglichst nahtlose Folgevermietung an. Bei einer durchschnittlichen Verweildauer von ca. einem Jahr heißt das, daß die ARWOBAU beispielsweise jedes Jahr fast 9.000 neue Mieter finden muß. Die Zielgruppen sind vor allem:

- Pendler
- Mitarbeiter von Ministerien, Vereinen und Verbänden
- Singles
- Mitarbeiter von Bau- & Montagefirmen
- Azubis
- Fach- und Führungskräfte von Firmen
- Pflegebedürftige

Insbesondere der Bereich des seniorengerechten Wohnens und der des betreuten Wohnens wird stetig wachsen. Mit Hilfe von Partnern des medizinischen und sozialen Sektors werden ganzheitliche Konzepte für urbanes, altersgerechtes Wohnen erarbeitet und realisiert. Gerade ältere Menschen bevorzugen ruhige Stadtlagen, um die Anbindung an Familie und Bekanntem wahren und ärztliche Betreuung, Einkaufsmöglichkeiten u.ä. in der gewohnten Umgebung leichter realisieren zu können.

Das Angebot an Studenten und Azubis dient vor allem dazu, eine neue, nachwachsende Interessentengruppe zu erschließen. Für Apartments in den Randlagen von Berlin haben wir Angebote erarbeitet, bei denen die Miethöhe abhängig vom Lehrjahr des Azubis ist, um den Einkommen Rechnung zu tragen.

Prof. Dr. Rolf Kreibich

Geschäftsführer und wissenschaftlicher Direktor des IZT-Instituts für Zukunftsstudien und Technonologiebewertung

Das zentrale Kredo für nachhaltige Enwicklung lautet: Nur ein Entwicklungsprozeß, der die Ausbeutung der Ressourcen, der Belastungen der Umwelt, die Investitionsflüsse, die Ausrichtung der wissenschaftlich-technologischen Entwicklung und die sozialen und institutionellen Veränderungen mit den Bedürfnissen der Menschen weltweit und in Zukunft in Einklang bringt, ist langfristig zukunftsfähig.

Rolf Kreibich

Ökoeffizienz-Effekte durch Dienstleistungen – Handlungsoptionen für eine nachhaltige Wohnungswirtschaft

Megatrend »Dienstleistungsgesellschaft«

Zu den wichtigsten Zukunftstrends zählen die Tertiarisierung (Verlagerung vom Produktions- zum Dienstleistungssektor) und die Quartarisierung (Verlagerung von den traditionellen Dienstleistungen zu den Informations- und Wissensdienstleistungen). Das heißt, in der Entwicklung zur Dienstleistungsgesellschaft liegen neben den Veränderungen durch ›Wissenschaftliche und technologische Innovationen‹, ›Umweltbelastungen und Raubbau an den Naturressourcen‹ und der globalen ›Bevölkerungsentwicklung‹ die stärksten Einflußpotentiale auf die zukünftige Entwicklung von Wirtschaft und Gesellschaft. Für die Veränderungen innerhalb des Dienstleistungssektors in Richtung Informationsdienstleistungen ist vor allem die rasante Zunahme der Informations- und Kommunikationstechnologie verantwortlich, die mittlerweile alle Lebensbereiche durchdringen. Auch in Deutschland zeigt die Entwicklung der Wirtschaftssektoren, daß vor allem mit weiteren massiven Verschiebungen in Richtung Tertiarisierung und Quartarisierung zu rechnen ist wie die folgenden Abbildungen zeigen (siehe S. 48).

Vor diesem Hintergrund ist es nur logisch und konsequent, daß sich bedeutsame Industriebranchen und Unternehmen des produzierenden Sektors in Richtung Dienstleistungssektor entwickeln. So beobachten wir seit Jahren den Wandel der Energieversorger zu Energiedienstleistungsunternehmen, der Automobilhersteller zu Mobilitätsdienstleistern, der Büromöbelhersteller zu Bürodienstleistern. Das IZT sieht diesen Wandel als starkes Signal und Aufforderung an traditionelle Dienstleister wie Banken, Versicherungen,

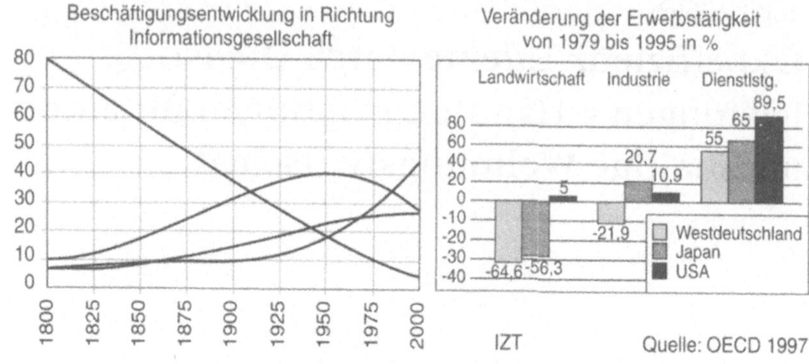

Quelle: IAB Nürnberg und Schätzungen sowie OECD 1997

Immobilienunternehmen und die Wohnungswirtschaft, ihre bisherigen Geschäftsfelder zu überdenken und zu erweitern.

Der Aufbau neuer Geschäftsfelder durch neue Dienstleistungen erscheint aber auch aus Gründen, die im Bereich der Wohnungswirtschaft selbst liegen, als vorrangige Aufgabe. So deutet, selbst unter der Annahme einer in den nächsten Jahren weiterhin wachsenden Pro-Kopf-Wohnfläche, alles auf eine Sättigungstendenz im Wohnungs- und Gewerbebau hin. Sogar mit regionalen und typspezifischen Überkapazitäten muß zunehmend gerechnet werden. Das kann zu erheblichen Einnahmeverlusten und starken Fluktuationen im Kundenbereich führen. Die Kundenbindung und das Vertrauensverhältnis Kunde-Wohnungsbaugesellschaft werden deshalb in Zukunft einen noch höheren Stellenwert erhalten als bisher. Hier liegt aber auch ein Schlüssel für die Erschließung neuer Dienstleistungen in der Wohnungswirtschaft. Eine in besonderer Weise geeignete Strategie Kunden zu binden, bietet die Orientierung an dem Konzept der Nachhaltigkeit. Hierdurch können in besonderer Weise ökonomischer Gewinn für den Kunden und die Wohnungsbaugesellschaft mit sozialen und ökologischen Vorteilen für die Nutzer und die Gesellschaft insgesamt miteinander verbunden werden.

Zum Konzept Nachhaltigkeit

Der Brundtland-Bericht der UN-Kommission für Umwelt und Entwicklung von 1987 definiert das Nachhaltigkeits-Prinzip wie folgt (Brundtland 1987): Sustainable Development (Nachhaltige Entwicklung) bezeichnet »eine Entwicklung, die die Bedürfnisse der Gegenwart befriedigt, ohne zu riskieren, daß künftige Generationen ihre eigenen Bedürfnisse nicht befriedigen können«. Das IZT bevorzugt eine Formulierung, die sich stärker auf die Erhaltung der Lebens- und Produktionsgrundlagen bezieht: Jede Generation muß so leben, daß die Quantität und die Qualität der natürlichen Ressourcen und Lebensmedien für das Leben künftiger Generationen erhalten bleiben und gerecht genutzt werden (Kreibich 1996).

Die *Agenda 21* – das in Rio verabschiedete Aktionsprogramm der Staatengemeinschaft für das 21. Jahrhundert – stellt das Leitbild der Nachhaltigen Entwicklung in den Mittelpunkt aller weiteren Betrachtungen über die Entwicklung zukünftiger Wirtschafts-, Arbeits-, Beschäftigungs- und Infrastrukturen, über den Umgang mit den natürlichen Ressourcen und den Mitmenschen im globalen und regionalen Sozialverbund. Für das Konzept »*Nachhaltige Entwicklung*« ist danach die integrierte Betrachtung und Behandlung der vier Dimensionen – ökonomisch, sozial, ökologisch und global – für alle Entwicklungs- und Strukturkonzepte konstitutiv. Der *Zielfokus* ist Zukunftsfähigkeit und Verbesserung der Lebensqualität für alle Menschen. Die *Handlungsziele* sind Effizienz und Konsistenz, Verbesserung der Lebensgrundlagen, Erhaltung der natürlichen Ressourcen sowie Gerechtigkeit und Solidarität. *Die wichtigsten Strategien* sind wirtschaftliche Entwicklung und soziale Innovationen einschließlich eines veränderten Suffizienzverhaltens. *Das zentrale Kredo für nachhaltige Entwicklung lautet:* Nur ein Entwicklungsprozeß, der die Ausbeutung der Ressourcen, die Belastungen der Umwelt, die Investitionsflüsse, die Ausrichtung der wissenschaftlich-technologischen Entwicklung und die sozialen und institutionellen Veränderungen mit den Bedürfnissen der Menschen weltweit und in Zukunft in Einklang bringt, ist langfristig zukunftsfähig. Nachhaltigkeit der Entwicklung zielt also auf die quantitative und qualitative Sicherung der Lebens- und Produktionsgrundlagen im Sinne einer dauerhaften Stabilisierung von Umwelt, Wirtschaft und Sozialverhalten.

Aufbauend auf den Leitzielen und Handlungsregeln des Nachhaltigkeits-Prinzips lassen sich für die verschiedenen gesellschaftlichen Handlungsfelder, also etwa für den Produktions- und Dienstleistungsbereich, den Konsumptionsbereich, den Bereich Bauen und Wohnen, den Verkehr oder die Stadtentwicklung, Konzepte und Maßnahmen beschreiben, die eine nachhaltige Entwicklung fördern.

Nachhaltigkeit und Wohnungswirtschaft

Es gibt wohl kaum ein anderes Handlungfeld, in dem das komplexe Beziehungsgeflecht zwischen den drei Zieldimensionen der Nachhaltigkeit so stark ausgeprägt ist wie beim Bauen und Wohnen. Weil das Bedarfsfeld Wohnen und die Gebäudeerstellung noch vor dem Verkehrssektor der größte Verursacher von Umweltbelastungen ist, hat sich die Enquete-Kommission des Deutschen Bundestages »Schutz des Menschen und der Umwelt -Ziele und Rahmenbedingungen einer nachhaltig zukunftsverträglichen Entwicklung« zu Recht an vorderster Stelle mit dem Handlungsfeld »Bauen und Wohnen« befaßt. Die nachfolgende Tabelle enthält beispielhaft einige Zahlen zu den Umweltauswirkungen dieses Bereiches:

Flächenverbrauch	Jeden Tag werden etwa 120 Hektar neu bebaut. Bei linearer Fortsetzung wäre Deutschland in ca. 80 Jahren komplett zugebaut.
Stoffströme	Etwa die Hälfte aller Abfälle entstehen im Bau bereich (ca. 140 Mio t/a).
Energieverbrauch und EndCO$_2$-Emissionen	Die Raumheizung benötigt 1/3 der gesamten Energie; 20% der aufgewandten Primärenergie wird für die Beheizung von Wohnräumen eingesetzt.
Verkehrsinduktion	Allein für den Transport der im Handlungsfeld Bauen und Wohnen entstehenden Abfälle werden ca. 3,5 Mio Lkw mit 40 t Last bewegt.

Die Enquete-Kommission »Schutz des Menschen und der Umwelt« fordert deshalb alle Akteure, insbesondere auch die Wohnungswirtschaft zu einer nachhaltigen Gestaltung dieses zentralen Lebensbereichs auf: »*Im Beispielfeld ›Bauen und Wohnen‹ zeigen sich die Wechselwirkungen zwischen Umweltbeeinflussung und Lebensstilen, sozialen Strukturen und Bedürfnissen, Arbeits- und Konsumgewohnheiten. Die Neugestaltung dieses zentralen Lebensbereichs nach den Zielvorgaben einer nachhaltig zukunftsverträglichen Entwicklung stellt eine zentrale Herausforderung dar, die auch bei der Generalversammlung der Vereinten Nationen (HABITAT II in Istanbul 1996) eine große Rolle gespielt hat.*« [BT-Drs. 13/11200]

Daß im Bereich der Wohnungswirtschaft große Chancen und Potentiale für eine nachhaltige Gestaltung mobilisierbar sind, läßt sich für alle drei Zieldimensionen nachweisen. Die folgende Tabelle zeigt, in welche Richtungen das Nachhaltigkeitskonzept zu operationalisieren ist:

Ökologische Zieldimensionen	• Reduzierung des Flächenverbrauchs • Beendigung der Zersiedlung der Landschaft • Minderung der Versiegelung • Optimierung der Stoffströme im Baubereich mit dem Ziel der Ressourcenschonung • Vermeidung von Schadstoffeinträgen in den Lebenszyklus der Gebäude • Verringerung der CO_2-Emission
Wirtschaftliche Zieldimensionen	• Minimierung der Lebenszykluskosten von Gebäuden • relative Verbilligung von Umbau und Erhaltungsinvestitionen im Vergleich zum Neubau • Optimierung der Aufwendungen für technische und soziale Infrastruktur
Soziale Zieldimensionen	• Sicherung bedarfsgerechten Wohnraums • Schaffung eines geeigneten Wohnumfeldes • Vernetzung von Arbeiten, Wohnen und Freizeit in der Siedlungsstruktur • »Gesundes Wohnen« in und außerhalb der Wohnung • Erhöhung der Wohneigentumsquote

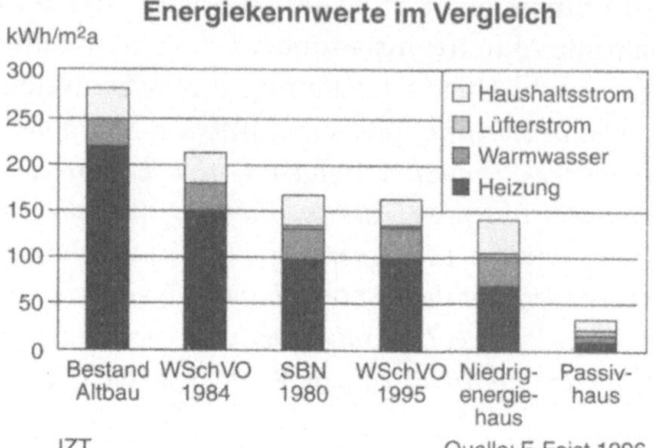

Ein besonders eindrucksvolles Beispiel, das Konzept der nachhaltigen Entwicklung im Gleichklang als ökonomische, ökologische und soziale Gewinnstrategie umzusetzen, bietet die Mobilisierung von Einsparpotentialen beim Heizenergieverbrauch im Wohnbereich wie der Vergleich der Energiekennwerte für die energiebewußte Gebäudegestaltung zeigt.

Insgesamt verwenden wir in Deutschland für die Raumwärme mehr als 30 Prozent unserer Energie, von der zwei Drittel für die Beheizung von Wohnungen aufgewendet werden. Dies bedeutet, daß 20 Prozent der gesamten aufgewendeten Energie für die Beheizung von Wohnräumen genutzt wird. Aus diesem Grund ist der »Niedrigenergiehausstandard« ein wichtiges Ziel der »Handlungsoptionen für eine nachhaltige Wohnungswirtschaft«. Die Chancen und Vorteile der Nachhaltigkeitsstrategie lassen sich hier besonders überzeugend nachweisen:

1. Es gibt zahlreiche praktische Beispiele dafür, daß die Realisierung eines Niedrighausstandards
   - mittel- bis langfristig ökonomisch gewinnbringend ist (Kosteneinsparung für den Investor),
   - sozialverträglicher ist (Kosteneinsparung für die Nutzer, Schaffung von zukunftsträchtigen Arbeitsplätzen) und
   - ökologische Vorteile hat (Reduktion des Energieverbrauchs und der Schadstoffemissionen).

2. Alle grundlegenden Nachhaltigkeitsstrategien lassen sich hier verwirklichen:
   - Effizienzverbesserungen durch technologische und soziale Innovationen
   - Konsistenzverbesserungen, d.h. bessere Anpassung an Umweltanforderungen und Naturkreisläufe durch Einsparung von Ressourcen und Nutzung regenerativer Energien
   - Suffizienzverhaltensänderungen durch neue Wohlstands- und Lebensqualitäts-Orientierungen der Nutzer, etwa durch Energiesparverhalten, gesünderes Wohnen, etc.
3. Die Wohnungswirtschaft hat gute Wirkungsmöglichkeiten, durch geeignete Dienstleistungsangebote den Niedrigenergiehausstandard zu fördern und damit mittel- bis langfristig Gewinne zu machen und die Kundenbindung zu festigen. Hier sollten auch unkonventionelle Contracting-Modelle unter Einbeziehung der Kunden und Mieter, der Energieversorger und des Ausbaugewerbes gute Chancen für die Wohnungswirtschaft eröffnen.

Fazit

Wohnungsbaugesellschaften kommt in einer Strategie der Nachhaltigkeit eine bedeutsame Rolle zu. Für sie besteht die Möglichkeit, durch ein vielfältiges Angebot von Dienstleistungen neue gewinnbringende Geschäftsfelder zu erschließen. Angesichts eines zu erwartenden verschärften Wettbewerbsdrucks kommt vor allem Dienstleistungen mit doppelter Win-Win-Strategie besondere Bedeutung zu: Damit ist gemeint, daß im Sinne der Nachhaltigkeit sowohl ökonomische als auch ökologische und soziale Gewinne gemacht werden sollten. Davon sollten alle Beteiligten profitieren. Ein solches Konzept stärkt die Wettbewerbsposition der Unternehmen sowie die Kunden- bzw. Mieterbindung. Mit einer Dienstleistungsstrategie der Nachhaltigkeit leistet die Wohnungswirtschaft gleichzeitig einen wichtigen Beitrag zur dauerhaften Erhaltung der Lebens- und Produktionsgrundlagen.

Literatur

Brundtland (1987): World Comission on Environment and Development: »Our Common Future«, Oxford und New York. Deutsch: Hauff, V. (Hrsg.): »Unsere gemeinsame Zukunft«, Greven.

Enquete-Kommission »Schutz des Menschen und der Umwelt« des 13. Deutschen Bundestages: Abschlußbericht: Konzept Nachhaltigkeit – Vom Leitbild zur Umsetzung, BT-Drucksache 13/11200 vom 26.06.98, S. 126.

Kreibich, Rolf (1996) (Hrsg.): Nachhaltige Entwicklung – Leitbild für Wirtschaft und Gesellschaft, Weinheim, Basel.

2. Workshop
Altteile-Netzwerke – Schlüssel für die Etablierung der zeitwertgerechten Kfz-Reparatur

veranstaltet vom Fraunhofer-Institut für Materialfluß und Logistik IML am 28. Oktober 1998 in Dortmund

Kooperationspartner: Landesverband der Automobilverwerter NRW e.V. (VAV); Deutsches Kraftfahrzeuggewerbe, Landesverband NRW e.V. (VDK), Bundesverband der freiberuflichen und unabhängigen Sachverständigen für das Kraftfahrzeugwesen e.V. (BVSK)

Dr. Uwe Hansen

Abteilungsleiter am Fraunhofer-Institut für Materialfluß und Logistik IML

*Die zeitwertgerechte Reparatur
wird erheblich zunehmen.
Allerdings stellen nur effektive
Netzwerke die erforderliche Verfügbarkeit der Teile in geprüfter
Qualität sicher. Zur Realisierung dieser Altteile-Netzwerke
sind noch zahlreiche technische,
logistische und informatorische
Aufgaben zu lösen.*

Henrik Hauser, Peter Kauschke

Altteile-Netzwerke erschließen neue Marktpotentiale der zeitwertgerechten Kfz-Reparatur

Für die Akteure im Umfeld des Kfz-Gewerbes verspricht die ›zeitwertgerechte Reparatur‹ ein hohes ökonomisches Wachstumspotential. Das befanden einheitlich etwa 100 Fachleute von Kfz-Werkstätten, Autoverwertern, Kfz-Sachverständigen-Organisationen, Versicherungen, Kfz-Innungen, Automobilherstellern und Wirtschaftsverbänden anläßlich des Workshops »Altteile-Ñetzwerke – Schlüssel für die Etablierung der zeitwertgerechten Kfz-Reparatur« in Dortmund. Der Expertenworkshop wurde unter der Federführung des Fraunhofer-Instituts für Materialfluß und Logistik IML, gemeinsam mit dem Landesverband der Automobilverwerter NRW e.V. (VAV), dem Deutschen Kraftfahrzeuggewerbe, Landesverband NRW e.V. (VDK) und dem Bundesverband der freiberuflichen und unabhängigen Sachverständigen für das Kraftfahrzeugwesen e.V. (BVSK) veranstaltet.

Branchenkommunikation fördert Akzeptanz

Im Rahmen der zeitwertgerechten Reparatur werden gebrauchte Kfz-Teile anstelle von Neu- oder Identteilen eingesetzt. Hierzu ist eine effektive Verknüpfung der Marktteilnehmer, d.h. der ›Produzenten‹ von Gebrauchtteilen, den Autoverwertern und der Kfz-Werkstätten durch leistungsstarke Altteile-Netzwerke sicherzustellen, legte Dr. Uwe Hansen, Abteilungsleiter Entsorgungslogistik am Fraunhofer IML, in seinem Eröffnungsreferat dar.

Dr. Werner Dornwald

Leiter der Kraftfahrt
Schaden der Gerling
Versicherung

*Aus der zeitwertgerechten
Reparatur ergibt sich für die
Versicherungen ein Einsparpotential von 30 Prozent bei
den Ersatzteilkosten, was für
den einzelnen Reparaturfall
eine Kostenreduzierung von
etwa 500 bis 600 DM bedeutet.*

Ziel der Veranstaltung war es, Anforderungen für Altteile-Netzwerke mit den beteiligten Akteuren zu identifizieren. »Die Branchenkommunikation ist eine wichtige Voraussetzung, um die Akzeptanz von neuen Dienstleistungen im Markt zu schaffen«, führte Dr. Uwe Hansen weiter aus. Die systematische Gewinnung und Aufarbeitung von Gebrauchtteilen wird in Einheit mit der zeitwertgerechten Reparatur und Instandsetzung erheblich zunehmen. Nur eingespielte Netzwerke können die Verfügbarkeit der Teile in geprüfter Qualität sicherstellen. Darüber hinaus sind die Kostenminimierung und die Transparenz über Angebot und Preise wichtige Zielgrößen.

Dr. Uwe Hansen dankte in diesem Zusammenhang den Mitveranstaltern für ihre aktive Mitarbeit bei der Vorbereitung und Durchführung des Workshops. Nur so war es möglich, so viele Fachleute rund um die Dienstleistung zeitwertgerechte Reparatur und zum Thema Altteile-Netzwerke in Dortmund zu versammeln. Seinen besonderen Dank richtete Dr. Uwe Hansen an das Bundesministerium für Bildung und Forschung BMBF und den Projektträger Deutsches Zentrum für Luft- und Raumfahrt e.V. (DLR) – beim Workshop vertreten durch Dr. Gerhard Ernst –, die durch finanzielle Förderung die Durchführung des Workshops erst ermöglichten.

Einsparungen für die Kfz-Versicherungen

Die Thematik der zeitwertgerechten Reparatur gewinnt derzeit vor dem Hintergrund immer stärker werdender Forderungen der Versicherungswirtschaft an Dynamik. Die Versicherer wollen dazu übergehen, die Regulierung versicherungsrelevanter Schäden am Zeitwert des Fahrzeuges zu orientieren.

Nach Aussage von Dr. Werner Dornwald, Leiter der Kraftfahrt-Schaden der Gerling Versicherung, läßt die Rechtslage schon heute eine Schadenregulierung durch zeitwertgerechte Reparatur zu. Ein Geschädigter hat im Falle eines Unfalls den Anspruch auf die Wiederherstellung des ›ursprünglichen‹ Fahrzeugzustandes. Das bedeutet, wenn der Kotflügel eines sieben Jahre alten Fahrzeuges beschädigt wird, hat der Besitzer Anspruch auf Ersatz durch einen Kotflügel in entsprechendem Zustand und Alter.

Eine Schadenregulierung auf Basis des Zeitwertes scheitert derzeit jedoch an der Verfügbarkeit der Teile, insbesondere bei ›jüngeren‹ Gebrauchtteilen. Hier sind effiziente Lösungen gefragt, um verstärkt unfallbeschädigte Fahrzeuge in den Verwertungskreislauf zu führen. Dazu muß ein Informations- und Logistikverbund der Marktbeteiligten mit dem Ziel eines überregionalen Gebrauchtteilemarktes initiiert werden.

Das Einsparvolumen durch die zeitwertgerechte Reparatur wird von den Versicherungen auf über 2 Milliarden DM geschätzt. Dieser Abschätzung liegt die Grobkalkulation zugrunde, daß in Deutschland für 4 Millionen Reparaturschäden derzeit ca. 15 Milliarden DM ausgegeben werden, wovon die Hälfte auf die Ersatzteile entfällt. Der Durchschnittsaufwand für Ersatzteile pro Reparatur beträgt demnach ca. 1.900 DM. Erzielt man eine Verfügbarkeit für Gebrauchtteile von 60 Prozent und veranschlagt deren Kosten mit 50 Prozent des Neuteils, ergeben sich Einsparpotentiale von 30 Prozent, was für den einzelnen Reparaturfall eine Kostenreduzierung von ca. 500 bis 600 DM bedeutet. In den USA und Schweden, wo die zeitwertgerechte Reparatur viel stärker ausgeprägt ist als in Deutschland, konnten die Schadenaufwendungen um sechs bis acht Prozent reduziert werden.

Dem gegenüber sind aber auch Mehrkosten zu beachten. In den Werkstätten wird ein höherer Bearbeitungs- und Anpassungsaufwand für die Vorbereitung und den Einbau von Gebrauchtteilen entstehen. Die Kalkulation wird für den Sachverständigen aufwendiger, da er den Wirtschaftlichkeitsvergleich zwischen Neu- und Gebrauchtteile-Reparatur oder eines Mix von beiden anstellen muß. Um den Kalkulationsaufwand tragfähig zu gestalten, ist eine entsprechende EDV-Unterstützung notwendig. Die Versicherer, so Dr. Werner Dornwald, befürworten daher einen Datenverbund der Zerlegebetriebe und die Schaffung eines überregionalen Gebrauchtteilemarktes, zu denen auch die Sachverständigen Zugang haben. Er führte weiterhin aus, daß die Einführung eines Versicherungsangebotes auf Basis der zeitwertgerechten Reparatur für das Jahr 1999 erwartet wird.

Dr. Werner Dornwald verhehlte in diesem Zusammenhang nicht, daß die deutsche Versicherungswirtschaft schon jetzt von der Diskussion der zeitwertgerechten Reparatur profitiert. Vor dem Konkurrenzdruck auf den Markt drängender Gebrauchtteile sind die Preise für Originalersatzteile und Identteile gefallen.

Sachverständige benötigen Vergleichbarkeit über Angebot und Preise

Die Einsparungspotentiale und Marktbewegungen im Neuteilesegment werden durch Rechtsanwalt Elmar Fuchs, Geschäftsführer des Bundesverbandes der freiberuflichen und unabhängigen Kfz-Sachverständigen e.V. – BVSK, bestätigt. Einsparungen auf Basis der heutigen Preise seien in einem Umfang von 10 bis 15 Prozent möglich, wobei durchaus zu berücksichtigen ist, daß ein über die zeitwertgerechte Instandsetzung ausgeübter Druck auch weiterhin zu einem Preisverfall bei Neuteilen führt.

Elmar Fuchs merkte kritisch an, daß die Sachverständigen je nach Interessenlage häufig vorgeschoben werden, positive oder negative Stellungnahmen zur Zulässigkeit der zeitwertgerechten Instandsetzung abzugeben. Dabei werde verkannt – im übrigen auch von den Sachverständigen selbst –, daß es nicht in das Aufgabengebiet des Sachverständigen gehört, dazu eine Aussage zu machen, da dies ausschließlich eine juristische Frage sei.

Als Geschäftsführer des Bundesverbandes ist er dennoch dieser Frage nachgegangen. Auf Grundlage des Bürgerlichen Gesetzbuches hat ein Unfallgeschädigter Anspruch darauf, daß bei der Schadenbeseitigung der Zustand wieder hergestellt wird, der vor dem Schadenereignis bestand. Von der Rechtsgrundlage her kann also kein Zweifel bestehen, daß die Schadenbeseitigung durch eine Reparatur unter Nutzung von Gebrauchtteilen, die dem Zeitwert des Fahrzeugs gerecht werden, zulässig ist. Die häufig kritisierte Diskrepanz zwischen den kalkulierten Reparaturkosten, die in der Regel mit Neuteilen kalkuliert werden, und der tatsächlich ausgeführten Reparatur ist nicht zu beanstanden, da es jedem Autofahrer freige-

Elmar Fuchs

Rechtsanwalt und
Geschäftsführer des Bundes-
verbandes der freiberuf-
lichen und unabhängigen
Kfz-Sachverständigen e.V.
(BVSK)

*Die Tätigkeit des Kfz-Sachver-
ständigen bei der Umsetzung
der zeitwertgerechten Instandsetzung wird noch verantwortungsvoller, qualifizierter und
letztlich auch zeitaufwendiger
werden. Um eine nachvollziehbare und sachgerechte Kalkulation zu gewährleisten, sind Altteile-Netzwerke zu installieren,
in denen die Angebote der Teileverwerter – am besten in einem
einheitlichen Archivsystem –
abrufbar sind.*

stellt ist, ob und in welcher Weise er die Reparatur am Fahrzeug durchführen läßt, die fiktive Abrechnung eingeschlossen.

Die Rechtsprechung hat über Jahre hinweg, so Elmar Fuchs, mit nachvollziehbaren Erwägungen dem Geschädigten Neuteileersatz zugesprochen. Neben den Garantiefragen, Herstellervorgaben, Qualitätskontrollen dürfte der Hauptgrund darin zu sehen sein, daß die Neuteile uneingeschränkt zur Verfügung stehen, während Gebrauchtteile bislang dem Kunden nicht oder nur unzureichend zugänglich sind.

Die beschriebene haftpflichtschadenrechtliche Situation unterscheidet sich aber grundlegend von der Konstellation in Kaskofällen. Seit 1994 können die Vertragsinhalte frei ausgehandelt werden. Der Versicherer kann mit seinem Kunden eine Regelung treffen, bei der die Reparatur des Fahrzeuges grundsätzlich mit Altteilen zu erfolgen hat. Nur wenn ein Altteil nicht zur Verfügung steht, ist die Instandsetzung mit einem Neuteil vorzunehmen. Entschließt sich der Kunde gegen eine Reparatur, hat er lediglich Anspruch auf Ersatzleistungen in Höhe der Preise für die Altteile. Dieses Modell hat bislang aber in Deutschland noch keine Verbreitung gefunden. Elmar Fuchs vermutet, daß insbesondere der erhebliche Wettbewerbsdruck bei Kaskoverträgen und die Vielzahl finanzierter und geleaster Fahrzeuge mit entsprechenden Finanzierungs- oder Leasingbedingungen Gründe hierfür sind.

Für die Sachverständigen stellt sich aber vor allem die Frage der technischen Zulässigkeit der zeitwertgerechten Reparatur. Aus technischer Sicht muß bedacht werden, daß sich nur ein begrenztes Spektrum von Autoteilen zur Wiederverwendung eignet. Sämtliche Teile bei denen ein Sicherheitsrisiko bei der Wiederverwendung nicht zu 100 Prozent ausgeschlossen werden kann, scheiden für die zeitwertgerechte Reparatur aus. Hierzu zählen beispielsweise Bremsanlage und Lenkung. Des weiteren sind aus Sicht der Sachverständigen solche Teile kritisch zu beurteilen, bei denen qualitative Einschränkungen aufgrund des Gebrauchs nicht auszuschließen sind, wie z.B. ölführende Bauteile oder Kupplungen.

Eine Schnittstelle zwischen technischer und juristischer Bewertung betrifft die Garantie. Nach Meinung von Elmar Fuchs ist aus juristischen Gründen eine Jahresgarantie auf die Altteile unbedingt

Henrik Hauser

Projektleiter Automobil-
recycling im Fraunhofer
IML

*Das potentielle Marktvolumen
der zeitwertgerechten Reparatur
wird im Bereich der normalen
Verschleiß- und Wartungs-
reparatur erst zu ca. 10 Prozent
ausgeschöpft. Letztlich wird die
Nutzung des Potentials nur
über eine Neustrukturierung
der Vertriebswege zu erreichen
sein. Hierbei spielen Altteile-
Netzwerke eine entscheidende
Rolle.*

anzustreben, um eine Schlechterstellung des Kunden zu vermeiden. Diese Anforderung ist aber nur auf der Ebene zwischen dem Kfz-Betrieb und dem Altteilelieferanten zu lösen.

Die Tätigkeit des Kfz-Sachverständigen bei Umsetzung der zeitwertgerechten Instandsetzung wird noch verantwortungsvoller, qualifizierter und letztlich auch zeitaufwendiger werden, faßt Elmar Fuchs zusammen. Um eine nachvollziehbare und sachgerechte Kalkulation zu gewährleisten, sind Altteile-Netzwerke zu installieren, in denen die Angebote der Teileverwerter, möglichst in einem einheitlichen Archivsystem, vergleichbar sind.

Altteile-Netzwerke erschließen Potentiale

Henrik Hauser, Projektleiter Automobilrecycling im Fraunhofer IML, forderte die Beteiligten auf, die zeitwertgerechte Reparatur nicht nur vor dem Hintergrund versicherungsrelevanter Schadensfälle zu beurteilen. Ein deutlich größeres Potential liegt für Werkstätten und Verwerter in der Verschleiß- und Wartungsreparatur. Für diese Reparaturen werden allein in Deutschland jährlich über 13 Milliarden DM an Ersatzteilkosten aufgewendet.

Um das Marktvolumen der zeitwertgerechten Reparatur abzuschätzen, ist zunächst die Situation der Altautoverwerter genauer zu analysieren. Die Altautoverwertung ist in Deutschland derzeit durch eine hohe Exportquote gekennzeichnet. Von den im Inland endgültig stillgelegten Fahrzeugen gehen über 50 Prozent direkt ins Ausland. Die Dimension des ökonomisch motivierten Exports und dessen Auswirkungen auf die Altautoverwertung werden deutlich, wenn man sich Zahlen der Mercedes Benz AG vor Augen hält. Von 250.000 stillgelegten Kraftfahrzeugen des Typs W 123 wurden nur ca. 20.000 im Inland verwertet.

Von den restlichen 50 Prozent werden rund 40 Prozent an Autoverwerter übergeben. 10 Prozent der Fahrzeuge werden direkt in Shredderbetrieben weiterbehandelt oder finden über die Demontage in Reparaturbetrieben und bei Privatpersonen als ›Autowrack‹ den Weg in den ›klassischen‹ Schrotthandel.

Legt man Schätzungen der Forschungsvereinigung Automobiltechnik über Gebrauchtteileaufwendungen aus dem Jahre 1992 zugrunde und rechnet diese mit dem heutigen Fahrzeugbestand hoch, so ergibt sich ein Gesamtvolumen von etwa 630 Millionen DM, das von den Autoverwertern in den Markt gesteuert wird. Rund 60 Prozent des Gesamtvolumens geht an Privatkunden, gefolgt vom Export mit ca. 19 Prozent und den freien Werkstätten und Tankstellen mit ca. 14 Prozent. Nur ca. fünf Prozent finden den Weg in die Vertragswerkstätten und nur rund zwei Prozent landen in der Austauscherzeugnisfertigung, wo die Gebrauchteile zu neuwertigen Bauteilen und Baugruppen aufgearbeitet werden. An diesen Zahlen verdeutlichte Henrik Hauser, daß vor allem die Kfz-Werkstätten ungenügend am Gebrauchtteilemarkt partizipieren. Der mit Abstand größte Teil wird in ›Do-it-yourself-Reparaturen‹ von Privatpersonen eingebaut. Aber auch im Marktsegment ›Do-it-yourself‹ stammen lediglich drei Prozent der Teile für Wartungsreparaturen und ca. 5 Prozent der Teile für Verschleißreparaturen aus Altautoverwertungen. Die anderen Teile werden aus dem klassischen Neuteile- oder Austauschteilehandel bezogen.

Trotz der Unsicherheiten bei der Marktvolumenberechnung und -abschätzung wird deutlich, so Henrik Hauser, zu welchem geringen Prozentsatz gebrauchte Teile aus der Altautoverwertung eingesetzt werden. Das erzielbare Marktvolumen ist deutlich größer. Bei einer Befragung aus dem Jahre 1998 erklärten sich rund 40 Prozent der Kfz-Besitzer grundsätzlich bereit, ihren Wagen aus Kostengründen mit gebrauchten Ersatzteilen reparieren zu lassen. Die Zustimmungsquote der Befragten ist allerdings stark von den Herstellermarken (die Spannbreite der Zustimmung reichte von 30 bis 48 Prozent) und dem Alter ihrer Fahrzeuge abhängig. Sind 57 Prozent der Halter von Fahrzeugen über acht Jahren an der zeitwertgerechten Reparatur interessiert, fällt diese Quote bei Autos im Alter von bis zu zwei Jahren auf 22 Prozent.

Geht man von den genannten 13 Milliarden DM Ersatzteilkosten der Wartungs- und Verschleißreparaturen aus und legt die Kundenbereitschaft zugrunde, ergibt sich ein Marktvolumen von ca. 5 Milliarden DM, das erst zu zwölf Prozent ausgeschöpft wird. Diese Berechnungen beinhalten noch nicht den Anteil der Unfallreparaturen.

Die Bereitschaft der Werkstätten ist vorhanden, führte Henrik Hauser weiter aus. Umfragen bei den Werkstätten ergaben, daß über 85 Prozent der Werkstätten bereit sind, Altteile bei Verschleiß-, Wartungs- und Unfallreparatur zu verwenden.

Die Nutzung des Potentials ist nur mit einer Neustrukturierung der Vertriebswege zu erreichen. Die Ist-Situation ist gekennzeichnet durch den Verkauf von Einzelteilen direkt am Platz oder in gebündelten Mengen an spezialisierte Großabnehmer vor allem im Ausland. Eine Verbreiterung der Vertriebswege mit eigenen Filialbetrieben oder der Absatz in Kfz-Werkstätten über den Versandhandel mittels Katalogen oder Internet werden helfen, die Ladentheke der einzelnen Betriebe zu verlängern. Darüber hinaus sind die Vertriebswege über den Fachhandel, Vertriebsorganisationen der Kfz-Hersteller oder Absatzmittler (Agenturgeschäft) zu nutzen. Hierbei spielen Altteile-Netzwerke eine wichtige Rolle. Durch ein schnell arbeitendes Informations- und Logistiksystem kann eine deutlich höhere Lieferbereitschaft erzielt werden. »Hier schließt sich der Kreis zu meinen Vorrednern«, faßte Henrik Hauser zusammen. »Die Marktdurchdringung der zeitwertgerechten Reparatur in den Reparaturwerkstätten scheitert derzeit an der kurzfristigen Verfügbarkeit von Altteilen in gesicherter Qualität. In der Praxis bedeutet dies, daß Altteile deutlich billiger, aber genauso einfach und schnell verfügbar sein müssen wie Neutteile. Die Restnutzungsdauer der Teile muß dem Fahrzeugalter angemessen sein.«

Eine aktuelle Studie der Universität Bayreuth zum Thema des Gebrauchtteilehandels im Automobilrecycling unterstreicht diese Anforderungen. Auf Basis einer Kundenbefragung wurden als favorisierte Altteileeigenschaften der Preis, die Zuverlässigkeit, die ›sofortige‹ Verfügbarkeit und die Gewährleistung identifiziert. Die Tatsache, daß ein Teil geprüft ist, ist nicht so wichtig wie die Gewährleistung, da ein gemäß der Prüfung einwandfreies Teil nach einiger Zeit trotzdem ausfallen kann.

Wilhelm Winter

Hauptgeschäftsführer des
Landesverbandes NRW des
Deutschen Kraftfahrzeug-
gewerbes (VDK)

*Das Marktpotential der zeit-
wertgerechten Reparatur muß
von den Werkstätten vor dem
Hintergrund steigender Verrechnungssätze und sinkender
Anzahl an Verschleiß-,
Wartungs- und Unfallrepa-
raturen unbedingt stärker
erschlossen werden.*

Die zeitwertgerechte Reparatur – eine Chance für das Kfz-Gewerbe

Eine der wichtigsten Rahmenbedingungen für den Erfolg der zeitwertgerechten Reparatur ist für Wilhelm Winter, Hauptgeschäftsführer des Landesverbandes NRW des Deutschen Kraftfahrzeuggewerbes (VDK), die Gewährleistung im Schadenfall. »Das Haftungsrisiko darf nicht allein auf die Kfz-Werkstätten abgewälzt werden.«

»Die zeitwertgerechte Reparatur ist an sich nichts Neues. Sie wird seit Jahren überwiegend in freien Werkstätten praktiziert, aber nicht offensiv angeboten«, konstatierte Wilhelm Winter. Das Marktpotential muß von den Werkstätten vor dem Hintergrund steigender Verrechnungssätze und sinkender Anzahl an Verschleiß-, Wartungs- und Unfallreparaturen bei gleichzeitig sinkendem Marktanteil stärker erschlossen werden. Nach Meinung von Wilhelm Winter kommt beim Thema zeitwertgerechte Reparatur niemand an den Werkstätten vorbei, da für den Einbau letztendlich nur sie in Frage kommen.

Die zeitwertgerechte Reparatur wird sowohl von den Verbänden als auch von Werkstätten als zukunftsorientiertes Thema gesehen. Die Chancen liegen im wachsenden Bestand und im Alter der Fahrzeuge. Zukünftiges Reparaturpotential steckt vor allem in den älteren Fahrzeugen, die derzeit nicht mehr oder nur zu geringen Teilen in den Kfz-Werkstätten repariert werden. Im Jahr 2000 werden über 60 Prozent der Fahrzeuge im deutschen Markt älter als vier Jahre sein. Diese Fahrzeuge werden aber nur noch zu 50 Prozent in den Markenwerkstätten repariert. Sind die Fahrzeuge erst mal acht Jahre und älter, sinkt der Marktanteil der Vertragswerkstätten auf unter 25 Prozent. Zudem steigt die Anzahl der Reparaturfälle und die Höhe der Aufwendungen für Ersatzteile mit zunehmendem Alter beträchtlich. Sind ›junge‹ Gebrauchtwagen bei der Anzahl von Reparaturfällen mit sechs bzw. neun Prozent in den Altersklassen ›bis zwei Jahre‹ und ›zwei bis vier Jahre‹ an der Gesamtzahl der Fälle unterdurchschnittlich vertreten, steigt die Anzahl der Reparaturfälle im Marktsegment ›sechs bis acht Jahre‹ auf den Spitzenwert von über 30 Prozent. Die Höhe der Aufwendungen für Ersatzteile steigt

Gerhard Witte

Geschäftsführer der Auto-
Online GmbH

*Für die Werkstätten muß
schnell und einfach ersichtlich
sein, ob, wo und zu welchem
Preis die für die zeitwertgerechte
Reparatur benötigten Teile
überhaupt verfügbar sind.
Diese Anforderungen können
nur erfüllt werden, wenn die
Angebote der Teileverwerter in
einem oder mehreren Altteile-
Netzwerken zentral abrufbar
sind. Nur dann sind die Werkstätten in der Lage, ihren
Kunden attraktive Angebote zu
unterbreiten.*

in diesen Altersklassen von durchschnittlich 100 DM auf über 500 DM pro Reparaturfall.

Darüber hinaus kann die zeitwertgerechte Reparatur als Marketinginstrument genutzt werden, die Anzahl möglicher Kundenkontakte deutlich zu steigern. Sie dient den Werkstätten zur ökologischen Positionierung innerhalb der Kreislaufwirtschaft nach dem Motto ›Reparieren statt Erneuern‹. Wilhelm Winter sieht die Grenzen der zeitwertgerechten Reparatur momentan in der geringen Teileverfügbarkeit und den hohen Logistikkosten. Darüber seien, wie schon von den Vorrednern erwähnt, Fragen der Gewährleistung für die Teile und des Haftungsrisikos der Werkstätten für die Reparaturkosten und Folgeschäden noch zu klären und müßten Eingang in die Gestaltung von Netzwerken finden. Hinzu kommt, daß die Qualität der Alteile oft zu wünschen übrig läßt. Wichtig ist , daß ein Netzwerk über entsprechende Datenbanken verfügt, die Kompatibilitätsinformationen über Bauteile enthält, die in verschiedenen Fahrzeugen herstellerübergreifend verwendbar sind. Insbesondere die freien Werkstätten sind auf diese Informationen angewiesen. Besonders beklagenswert sei zudem noch die Situation bei jungen Unfallwagen die für die Gewinnung qualitativ hochwertiger Ersatzteile unbedingt notwendig sind. Diese sind bestens verwertbar, so Wilhelm Winter, würden aber häufig in Ländern mit niedrigeren Lohnkosten abwandern.

Neue Dienstleistungen und Kooperationsformen

Altteile-Netzwerke werden den Werkstätten helfen, die Versorgung mit gebrauchten Ersatzteilen sicherzustellen und das brachliegende Potential für Reparaturen an älteren Fahrzeugen zu nutzen, so Gerhard Witte, Geschäftsführer der Auto-Online GmbH.

In einem ersten Schritt wurde von der Auto-Online GmbH eine Restwertbörse zum Handel von Unfallfahrzeugen aufgebaut. Diese Unfallwagen, hochwertige ›Teilelieferanten‹ für die zeitwertgerechte Reparatur, werden von Anbietern per Fax oder Datenfernübertragung (z.B. Email) als Angebot in die Restwertbörse eingestellt. Das

Angebot beinhaltet verschiedenste Kenndaten des Fahrzeuges, vor-kalkulierte Restwert- und Instandsetzungskosten und eine exakte Schadenbeschreibung, die durch Fotos im System visualisiert werden kann. Registrierte Aufkäufer können diese Fahrzeuge an ihren Rechnersystemen abrufen und bei Interesse Gebote auf elektronischem Wege oder per Fax abgeben. Die AutoOnline Restwertbörse wertet die Gebote der Aufkäufer aus und leitet diese mit den Anschriften und Gebotssummen an die Anbieter weiter. Als Anbieter sind zur Zeit ca. 1.700 Versicherungen, Sachverständige und Sachverständigenorganisationen registriert. Auf der Käuferseite sind etwa 300 Kfz-Verwerter, Werkstätten und Kfz-Händler vertreten. Der durchschnittliche Restwert der über die ›Börse‹ gehandelten Fahrzeuge beträgt etwa 7.000 DM. »Täglich werden heute so schon etwa 3 Milliarden DM an unserer Börse gehandelt«, so Gerhard Witte. »Das Interesse weiterer Anbieter und Aufkäufer an einer Beteiligung an unserem System ist groß, insbesondere die Versicherungen schätzen die Überregionalität und die Festlegung der Restwerte zu Marktkonditionen.«

Die technische Plattform dieses Systems bildet das ›ClaimsNet‹ der ClaimsNet InformationsManagment AG. Dieses virtuelle private Netzwerk stellt die rechnertechnische Vernetzung der ›Börsianer‹ sicher und bietet alle erforderlichen zentralen Dienste für die sichere Kommunikation und Datenverwaltung.

Die Erfahrungen mit der Restwertbörse und der technischen Plattform ClaimsNet werden genutzt, neben der Unfallfahrzeugbörse zukünftig eine Produktbörse für gebrauchte Ersatzteile aufzubauen. In einem Pilotversuch werden zunächst regional begrenzt vier große Verwerter und deren Produktangebote zusammengefaßt und dann kontinuierlich ausgebaut. Ziel ist der Aufbau eines virtuellen Lagers mit dezentraler Einlagerung der Teile bei den einzelnen Verwertern. Über ein call center werden Aufkäufer, z.B. Werkstätten anonymisiert über das Teileangebot in der Produktbörse mit Beratung und Preisauskunft informiert. Das call center, die AutoOnline Produktbörse, fungiert als zentraler Ansprechpartner, mit einheitlichen Garantiebedingungen und einheitlichen Verkaufspreisen, abgestuft in unterschiedlichen Qualitäten. Die Auftragsabwicklung mit Rechnungsstellung und Logistik wird komplett von diesem Dienstleister

vorgenommen. Die einzelnen Verwerter bleiben für den Aufkäufer
›unsichtbar‹.

Für die Werkstätten muß schnell und einfach ersichtlich sein, ob,
wo und zu welchem Preis die für die zeitwertgerechte Reparatur
benötigten Teile verfügbar sind. Diese Anforderungen können nur
erfüllt werden, wenn die Angebote der Teileverwerter in einem oder
mehreren Altteile-Netzwerken zentral abrufbar sind. Nur dann sind
die Werkstätten in der Lage, ihren Kunden attraktive Angebote zu
unterbreiten, faßte Gerhard Witte zusammen.

Gerhard Witte appellierte zuletzt, angesichts der Professionalität,
mit der derzeit verschiedene Altteile-Netzwerke aufgebaut werden,
die Bedenken der Branche gegen die zeitwertgerechte Reparatur zu
überdenken. Er unterstützte nachträglich die Wichtigkeit der Initiative des BMBF, die Kommunikation innerhalb der Branche zu intensivieren und neue Dienstleistungen zu fördern.

Der Altautoverwerter: Motor der zeitwertgerechten Reparatur

Dr. Christian Jacobi, Bereichsleiter der RAG UmweltRohstoffe GmbH
und Betriebsleiter der Autoverwertung WERTAUTO, kritisierte
zunächst, daß die Hoffnungen, die man als qualifizierter Autoverwerter an die Einführung der Altautoverordnung und der freiwilli-
gen Selbstverpflichtung der Industrie geknüpft hatte, bisher nicht
erfüllt worden sind. Die Verordnung wird lokal bzw. regional unterschiedlich ausgelegt. Die Sachkunde, der Vollzug und die Überwachung durch die Behörden sei unzureichend. Von den Behörden
wird nicht ausreichend gegen ›schwarze Schafe‹ in der Branche vor-
gegangen, beklagte Christian Jacobi weiter. Am Verwertungsmarkt
sind derzeit etwa 2.000 Unternehmen aktiv, von denen etwa 800
zertifiziert sind. Aber die Qualität der Zertifikate sind selbst innerhalb
der Branche umstritten.

Die Mängel in der Umsetzung der Altautoverordnung führen
derzeit zu einer Zweiklassengesellschaft in der Verwerterbranche.
Auf der einen Seite Verwerter, die hohe Investitionen in Verwer-

Dr. Christian Jacobi

Bereichsleiter der RAG
UmweltRohstoffe GmbH
und Betriebsleiter der Autoverwertung WERTAUTO

*Die Akzeptanz der Gebraucht-
teile im Markt ist extrem
abhängig von der Qualität der
Teile und von verbindlichen
Zusagen über Gewährleistungen im Schadensfall. Wir haben
viel getan, die Qualität der
Gebrauchtteile auf ein Niveau
zu heben, das dem Vergleich mit
neuen Ersatzteilen standhält.
Reklamationsquoten von unter
einem Prozent werden jetzt
schon erreicht.*

tungsstandards und Umweltschutzauflagen getätigt haben. Auf der anderen Seite Verwerter, die so weiterarbeiten, als würden eine Altautoverordnung und untergesetzliche Regelwerke nicht existieren.

Wegen der geringen Erlöse und der hohen Kosten gesetzeskonform arbeitender Altautoverwerter verstärkt sich in diesen Betrieben derzeit der Trend zu einem ›Hochwertrecycling‹, also die Demontage und der Vertrieb hochwertiger Ersatzteile. Interessant sind daher Fahrzeuge in einem Alter von drei bis acht Jahren, die nur als Unfallfahrzeuge direkt am Markt zu akquirieren sind. Die anderen Fahrzeuge werden aus Kostengründen nur minimal innerhalb der gesetzlichen Vorgaben demontiert und dem werkstofflichen Recycling zugeführt.

Die Akzeptanz der Gebrauchtteile im Markt ist extrem abhängig von der Qualität der Teile und von verbindlichen Zusagen über Gewährleistungen im Schadensfall, so Dr. Christian Jacobi. »Wir haben viel getan, die Qualität der Gebrauchtteile auf ein Niveau zu heben, das den Vergleich mit neuen Ersatzteilen standhält. Reklamationsquoten von unter einem Prozent werden jetzt schon erreicht.«

Technologische Hemmnisse sind im Zusammenhang mit der Wiederverwendung von Komponenten die fehlende bzw. mangelhafte Komponentennormung und die Zunahme der technischen Komplexität der Teile. Die fehlende Normung und Standardisierung hat bei vielen Produktgruppen zu einer unüberschaubaren Vielfalt an Ersatzteilen geführt. Der hohe damit verbundene Aufwand der Ersatzteillogistik und die Vielfalt der Ersatzteile verteuern die Strategie der Wiederverwendung enorm, legte Dr. Christian Jacobi dar. Das Know-how der Verwerterbetriebe liegt vielfach in der Kenntnis über Gleichteile, die in verschiedenen Fahrzeugen eingesetzt werden können. Dieses Wissen ist unbedingt weiter auszubauen und auch den Kfz-Werkstätten bereitzustellen.

Die Komplexität der Bauteile z.B. im Bereich der Motorsteuerungen und Kfz-Elektronik wird dazu führen, daß der Anteil an Do-it-yourself Reparaturen und Reparaturen in Tankstellenbetrieben weiter zurückgehen wird. »Wir unterstützen daher den Aufbau von Altteile-Netzwerken im Markt«, so Dr. Christian Jacobi. »Der Absatz ist aus unserem eigensten Interesse auf eine breitere Basis zu

Bei dem BMBF-Forschungsprojekt »Dienstleitung 2000plus« geht es vor allem darum, Handwerk und Mittelstand in den wissenschaftlich erforschten Handlungsrahmen mit einzubinden. Bei dem Workshop in Dortmund stand der Aufbau von Altteile-Netzwerken im Mittelpunkt. In der Diskussion Dr. Gerhard Ernst, DLR Projektträger des BMBF Bonn (rechts) und Wolfgang Dürig vom Rheinisch-Westfälischen Institut für Wirtschaftsforschung, RWI.

stellen.« Fehlender Absatz bzw. fehlende Absatzmöglichkeiten beschreiben ohnehin den Status Quo des Altteilemarktes. Erste Versuche, das Teileangebot und die Preistransparenz im Markt z.B. durch das Internet zu erhöhen, haben dazu geführt, daß sich die Verwerterkundschaft langsam ändert. Galten früher die Privatkunden und Tankstellenbetriebe als Hauptabnehmer, so ist heute ein verstärktes Interesse der freien Reparatur- und Karrosseriebetriebe, aber auch der Vertragswerkstätten festzustellen.

»Diese positiven Ansätze sind durch professionell arbeitende Altteile-Netzwerke unbedingt weiter auszubauen«, so das Fazit von Dr. Christian Jacobi. »Dann kann eine Situation entstehen, von der alle Marktbeteiligten profitieren.«

Arbeitsgruppen

Aus den Stellungnahmen der Referenten wurde deutlich, daß alle vertretenen Interessensgruppen von der zeitwertgerechten Reparatur profitieren können, eine Umsetzung auf breiter Basis derzeit aber noch auf Probleme stößt. Um Anforderungen zu formulieren, aber auch Lösungsansätze zu erarbeiten, wurden die Themen ›Marktanforderungen‹, ›Verfügbarkeit und Netzwerkdesign‹ sowie ›Rahmenbedingungen und Hemmnisse‹ durch die Teilnehmer des Expertenworkshops in drei Arbeitsgruppen vertieft.

Arbeitsgruppe 1: Marktanforderungen
(Berichterstatter: Henrik Hauser, Fraunhofer IML, Dortmund)

Marktvolumen, Zielgruppen, Vermarktungsformen und Wettbewerbssituation der Gebrauchtteileverwendung wurden erörtert. Die Teilnehmer kamen zu dem Ergebnis, daß für die zeitwertgerechte Reparatur weite Käuferschichten mobilisiert werden können. Die Klientel beschränkt sich nicht nur auf ›Bastler‹, auch in den freien und Vertragswerkstätten ist die Nachfrage nach gebrauchten Teilen bereits heute vorhanden. Immer mehr Kunden sehen den Kosten-Nutzen-Vorteil geprüfter Gebrauchtteile. Da sie nicht nur auf die Produktqualität, sondern vor allem auf das Fachwissen der Werkstatt und eine technisch einwandfreie Reparatur großen Wert legen, bietet sich für freie und markengebundene Werkstätten die Chance, mit einem kostengünstigen Produkt, aber unverändert hochwertiger Dienstleistung neue Marktsegmente zu erschließen.

Die Marktchancen werden weniger durch Vorbehalte der Endverbraucher, als derzeit noch durch das Produkt selbst begrenzt. Als wichtigste Voraussetzungen für eine verstärkte Vermarktung von Gebrauchtteilen wurden kurze Lieferzeiten, deutliche Preisvorteile gegenüber Neuteilen und eine wirksame Qualitätssicherung, gegebenenfalls in Verbindung mit einem ›Gütesiegel‹, identifiziert. In diesen Punkten sehen die Teilnehmer der Arbeitsgruppe noch Handlungsbedarf.

Imageverbesserung und Steigerung des Marktanteils der Gebrauchtteile sind durch ein breit angelegtes Marketing erzielbar. ›Zugpferde‹, so wurde in der Diskussion geäußert, können vor allem die Autohäuser und die Versicherungen sein. Autohäuser und Werkstätten können durch ihren direkten Kontakt mit dem Konsumenten zur Meinungsbildung und zum Vertrauensgewinn der Gebrauchtteileverwendung beitragen, die Versicherungen haben die Möglichkeit, über die Gestaltung der Versicherungsbedingungen das Konsumentenverhalten in Richtung eines verstärkten Altteileeinsatzes zu lenken.

Arbeitsgruppe 2: Verfügbarkeit von Altteilen, Netzwerkdesign
(Berichterstatter: Peter Kauschke, Fraunhofer IML, Dortmund)

Es ist unstrittig, daß auch beim Gebrauchtteileeinsatz ein hoher Servicegrad erreicht werden muß. Wie aber können hohe Verfügbarkeit, schnelle Informationsgewinnung über verfügbare Teile und kurze Lieferzeiten sichergestellt werden?

Den Schlüssel dazu – und damit den Schlüssel für die Etablierung der zeitwertgerechten Reparatur – sehen die Teilnehmer dieser Arbeitsgruppe in der Schaffung leistungsstarker Daten- und Logistikverbünde zwischen allen beteiligten Akteuren, also den Verwertern, den Autohäusern und Werkstätten, den Kfz-Sachverständigen, dem Teilehandel und ggf. Aufarbeitungsunternehmen. Die Nutzung elektronischer Kommunikationsmedien gilt als unabdingbar, es muß aber ein einfacher Zugang über offene Schnittstellen gewährleistet sein. Sowohl für Verwerter als auch für die Werkstätten muß der technische und organisatorische Aufwand für das Einlasten bzw. das Abrufen von Altteilen so gering wie möglich sein.

Die Frage nach der räumlichen Strukturierung solcher Netzwerke wurde kontrovers diskutiert. Einerseits werden regionale Strukturen benötigt, damit eine schnelle Reaktion auf die Kundennachfrage möglich ist. Andererseits zeigen Erfahrungen, daß das Altteileangebot regional differiert, begründet durch unterschiedliche Bevölkerungsdichten und regional bevorzugte Fahrzeugmarken. Will man nun ein flächendeckendes Angebot aufbauen, so wird man an überregionalen Verknüpfungen nicht vorbeikommen. In diesem Zusammenhang blieb die Frage, ob mehrere Anbietersysteme nebeneinander oder kooperativ existieren können, oder ob nur ein einziges, zentrales System allen Forderungen gerecht werden kann, ohne abschließende Klärung.

Sofern der Export von Altfahrzeugen verhindert werden kann, haben die Altautoverwerter über die Annahmestellen Zugriff auf die Fahrzeuge. Eine effiziente Vermarktung der ausgebauten Gebrauchtteile liegt demnach im Interesse der Verwerter, die nach Vermarktungsalternativen zum Direktverkauf vor Ort suchen (›Verlängerung der Ladentheke‹). Die Initiative für den Aufbau von Altteile-Netzwerken geht daher vielfach von den Verwertern aus. Es ist zu erwarten, daß seitens der Verwerter verschiedene Netzwerke entstehen, die jedoch auf unterschiedlichen organisatorischen und (EDV-)technischen Modellen basieren. Die Teilnehmer der Arbeitsgruppe kamen zu dem Ergebnis, daß im Hinblick auf eine optimale Ausgestaltung von Altteile-Netzwerken noch weitreichendes Entwicklungspotential der Kooperations- und Vertriebsstrukturen, der (informations-)technischen Ausstattung sowie der Definition und Kontrolle von Qualitätsstandards besteht.

**Arbeitsgruppe 3: Rahmenbedingungen
und Hemmnisse**
(Berichterstatter: Dr. Uwe Hansen, Fraunhofer IML, Dortmund)

Die Entwicklungen in der Gebrauchtteileverwendung vollziehen sich vor dem Hintergrund im Wandel begriffener nationaler und europäischer Gesetzgebung sowie Marktstrukturen. Die dritte Arbeitsgruppe beschäftigte sich mit Hemmnissen und Risiken, aber auch Chancen, die sich aus diesen Rahmenbedingungen ergeben.

Die Altautoverordnung wird grundsätzlich positiv beurteilt; sie forciert die Verbesserung der logistischen und anlagentechnischen Infrastruktur für ein hochwertiges Altautorecycling, so z.B. durch die Anforderungen an Verwertungsbetriebe. Ferner unterstützt sie die recyclinggerechte, d.h. auch demontagegerechte Konstruktion durch die Kfz-Hersteller und deren Zulieferer. Eine unmittelbare Forcierung der zeitwertgerechten Reparatur ist durch die Altautoverordnung jedoch nicht gegeben, da die Wiederverwendung von Altteilen in der Altautoverordnung nicht direkt verankert ist. Die Motivation, Gebrauchtteile aus Unfallkarossen zu demontieren und wiederzuverwenden, begründet sich allein durch deren positiven Marktwert.

Ein Hemmniss für die Akzeptanz der zeitwertgerechten Reparatur liegt gegenwärtig noch in den Garantieleistungen, die dem Kunden beim Einbau eines gebrauchten Ersatzteils gewährt werden. Während bei Neuteilen im Garantiefall sowohl die Materialkosten als auch die Arbeitskosten für den Einbau erstattet werden, beschränkt sich die Garantie beim Gebrauchtteil nur auf die Materialkosten. Das heißt, der Kunde trägt im Garantiefall ein zweites Mal die Einbaukosten, wodurch sich der Preisvergleich ›Neuteil – Gebrauchtteil‹ zugunsten des Neuteils verschieben kann. Um dem Kunden dieses Risiko zu nehmen, müßten die Garantieleistungen denselben Umfang haben wie bei Neuteilen.

Weniger kritisch sind in diesem Zusammenhang Karosserieteile zu beurteilen, deren Zustand i.a. durch eine Sichtkontrolle beurteilt werden kann. Bei anderen Bauteilen hingegen, deren ›Restnutzungsdauer‹ nicht ohne weiteres abgeschätzt werden kann, legt das für Werkstätten bzw. Verwerter eine Versicherungslösung nach dem Muster der Gebrauchtwagengarantien nahe, zumal die Entwicklungen in der europäischen Gesetzgebung einen verbesserten Verbraucherschutz durch umfassende Garantieleistungen forcieren.

Klärungsbedarf besteht auch bei der Identifikation der Gebrauchtteile. Hierzu sollte unter Einbeziehung aller Beteiligten, auch der Kfz-Hersteller, ein einheitliches Nummerungssystem entwickelt werden. Ein solches System muß auch Transparenz über Bauteile schaffen, die in unterschiedlichen Modellen eines Herstellers, teilweise auch in den Fahrzeugen unterschiedlicher Fabrikate eingesetzt

Im Anschluß an die Vorträge der Experten fand eine Podiumsdiskussion statt, bei der diskutiert wurde, welche Strategien im einzelnen angewendet werden sollen, um das Konzept »Altteile-Netzwerke« zukunftsfähig im Markt zu etablieren.

werden. Diese ›Gleichteile‹, deren Zahl im Rahmen der Produktentwicklungsstrategien der Automobilhersteller stetig zunimmt, begünstigen die Wiederverwendung, stellen aber eine Herausforderung an das Informationsmanagement.

Es wurde zudem einstimmig gefordert, den·sogenannten Briefehandel zu unterbinden. Es sei nicht akzeptabel, daß Unfallfahrzeuge, die zahlreiche, wertvolle Gebrauchtteile für die zeitwertgerechte Reparatur liefern könnten, dem Wiederverwendungskreislauf entzogen werden, da der Fahrzeugbrief allein einen höheren Preis erzielt als die verunfallte Karosse. In letzter Konsequenz müsse diesen Praktiken gegebenenfalls auch mit einer entsprechenden Rechtsvorschrift begegnet werden.

Podiums- und Plenumsdiskussion

Den Abschluß des Expertenworkshops bildete eine Podiums- und Plenumsdiskussion unter der Leitung von Prof. Dr. Ralf Holzhauer, Fachhochschule Gelsenkirchen. Das Podium setzte sich aus den Referenten zusammen, die sich den Fragen der Workshopteilnehmer stellten.

In einer ersten Runde stellte Prof. Ralf Holzhauer den Referenten die Frage, worin sie trotz aller technischen, logistischen, rechtlichen und wettbewerbsbedingten Schwierigkeiten die Chancen von Altteile-Netzwerken und der zeitwertgerechten Reparatur sehen. Die Stellungnahmen der Referenten dazu ließen erkennen, daß alle Akteure mit Ausnahme der Automobilhersteller von der zeitwertgerechten Reparatur profitieren können. In diesem Punkt bestand im Podium und im Plenum weitgehend Einigkeit.

Jedoch wurde aus dem Plenum auch die Sorge geäußert, daß in den Werkstätten Ertragsdefizite zu erwarten seien, wenn ein Gebrauchtteil nur 50 Prozent eines Neuteils kosten soll, wie Versicherungen forderten. Dem entgegnete Wilhelm Winter vom Landesverband NRW des Deutschen Kraftfahrzeuggewerbes (VDK), daß die Preise für Altteile bis zu zwei Drittel des Neupreises betragen können und in jedem Fall eine ausreichende Marge für die Werkstatt beinhalten müßten. Im Gegensatz zu Neuteilen erfolge die Kalkulation bei Gebrauchtteilen ›von unten nach oben‹, da es keine unverbindlichen Preisempfehlungen der Hersteller, in diesem Fall der Verwerter, gebe. Dr. Werner Dornwald, Gerling Versicherung, führte weiter aus, in vielen Fällen könne eine Werkstatt erst durch die preiswerte Alternative der Gebrauchtteile neue Reparaturaufträge gewinnen, die anderenfalls durch günstigere Werkstätten oder im ›Do-it-yourself-Betrieb‹ geleistet würden. Eine im Vergleich zu Neuteilen geringere Marge sei in diesem Fall durchaus akzeptabel, zumal Gebrauchtteilreparaturen in gleichem Maße wie Neuteilreparaturen zur Auslastung der Werkstattbetriebe beitragen.

Dr. Christian Jacobi von der Autoverwertung WERTAUTO vertrat die Ansicht, daß die Gebrauchtteilelieferanten bzw. die Verwerter den Werkstätten günstige Preise bieten, die aber abhängig von der Marktlage zwischen 30 Prozent und 70 Prozent des Neuteilpreises schwanken können. Gerhard Witte, Auto-Online GmbH, erläuterte, daß die Preisfindung beim Altteile-Netzwerk auch von den Logistikkosten sowie den Kosten für den Netzwerkbetrieb und für das call center abhängig seien. Auf die Frage, ob es sinnvoller sei, den Preis im Einzelfall unter Berücksichtigung des konkreten Anbieterpreises und der spezifischen Logistikkosten zu kalkulieren, antwortete er, die Preisfindung sei ein ›lernendes‹, noch nicht endgültig festgelegtes System. Es sei in erster Linie sinnvoll, die Preise nach Qualitätsstufen zu differenzieren, so z.B. bei Motoren nach der Laufleistung.

Auf die Frage nach den nutzungsausfallbedingten Stillstandkosten, die für Fahrzeuge anfallen, die zur Reparatur anstehen und auf (gebrauchte) Ersatzteile ›warten‹, entgegnete er, daß eine dezentrale Lagerung von Gebrauchtteilen in den Lägern eines weiten Anbieternetzes nicht nur zu günstigen Logistikkosten, sondern auch zu kurzen Reaktionszeiten führe. Im allgemeinen seien die Lieferzeiten der Gebrauchtteile kürzer als die Dauer für die vorangehende Gutachtenerstellung.

Dr. Christian Jacobi ergänzte, daß viele Bestellungen schon heute ›im Nachtsprung‹, d.h. bis zum nächsten Morgen erfüllt werden könnten. Motoren könnten zu einem Preis von 60 bis 70 DM innerhalb Deutschlands bis zum nächsten Morgen versendet werden, wenn die Bestellung bis abends 18.00 Uhr eingehe.

Henrik Hauser vom Fraunhofer IML verdeutlichte, man müsse die Vertriebsstrukturen für Gebrauchtteile so effizient gestalten wie es für Neuteile heute der Fall ist. Dazu seien Logistiksysteme aufzubauen, die alle Material- und Informationsflüsse zwischen allen beteiligten Akteuren umfassen. Voraussetzung dafür sei ein ausreichend großer Markt, eine ausreichend verfügbare Teilemenge und -vielfalt, auf die die logistischen Strukturen abgestimmt werden müßten. Es sei auch nicht sinnvoll, ein solches System regional zu begrenzen; nur ein mehrstufiges, bundesweites Distributionsnetz, das nach modernen Verteilstrategien operiere, könne eine hohe Verfügbarkeit und einen schnellen Zugriff gewährleisten.

Auf die Frage nach den Aktivitäten des VDK zur Forcierung der zeitwertgerechten Reparatur sagte Wilhelm Winter, sie sei schon heute Bestandteil der Öffentlichkeitsarbeit, vor der endgültigen Markteinführung müßten aber noch Markt- bzw. Verbraucherforschungen angestellt werden, so z.B. hinsichtlich der Zielgruppen, deren typischen Haushaltseinkommens, der sozio-ökonomischen Struktur und der Anforderungen an das Preis-Leistungs-Verhältnis. In diesem Zusammenhang appellierte Dr. Christian Jacobi, ZDK, VDK und Innungen müßten den Dialog mit den Händlern und Werkstätten, aber auch mit der Öffentlichkeit intensivieren. Größere Werbeaktionen seitens der Verwerter seien ohne nennenswerte Resonanz geblieben. Öffentlichkeitsarbeit sei aber insbesondere eine Aufgabe der Kfz-Innungen und -Verbände. Gerhard Witte fügte dem hinzu, daß auch Verbraucherschutzverbände, so z.B. der ADAC, erheblich zur Meinungsbildung in der Öffentlichkeit beitragen und damit der Nachfrage in den Werkstätten Vorschub leisten könnten.

Abschließend wurde aus dem Plenum noch einmal die Frage nach dem Marktvolumen aufgeworfen. Henrik Hauser, Fraunhofer IML, erklärte zunächst, daß die volumenbegrenzenden Faktoren nach Angebotsseite und Nachfrageseite differenziert werden müßten. Da sei zum einen die grundsätzliche Akzeptanz bei den Verbrauchern, die in unterschiedlichen Bevölkerungsgruppen und abhängig vom Fabrikat und dem Fahrzeugalter schwanke. Zudem schieden bestimmte Bauteile aus (sicherheits-)technischen oder ökonomischen Gründen für eine Wiederverwendung grundsätzlich aus. Andererseits kann das Marktvolumen durch die Verfügbarkeit gebrauchter Teile begrenzt sein, was natürlich vor allem bei Modellen mit geringem Gesamtbestand der Fall ist. Entscheidenden Einfluß auf die Verfügbarkeit hat auch die Länge des Produktlebenszyklus eines Fahrzeugtyps. Im Zeitraum wachsender Nachfrage nach gebrauchten Ersatzteilen kann diese zunächst nicht vollständig befriedigt werden. Wenn die Nachfrage wieder fällt, besteht ein Überschuß an Gebrauchtteilen, der nicht mehr abgesetzt werden kann.

Um das Marktpotential dennoch mit Zahlen zu unterlegen, berichtete Gerhard Witte über eine Auswertung von 100 Schadengutachten, nach der 38 Prozent der Gesamtkosten auf Ersatzteile entfallen. Durch Anfragen bei Verwertern wurde ein Einsparpotential von 18 Prozent ermittelt. Dr. Werner Dornwald erläuterte, er lasse durch eine Analyse von Kaskoschadenfällen den ›typischen‹ Kaskofall und damit die am häufigsten nachgefragten Teile ermitteln. Ob diese Teile in ausreichendem Maße verfügbar sind, wolle er dann mit Verwertern klären.

Die Diskussion zeigte auf, daß das verfügbare Zahlenmaterial keine ausreichenden und gesicherten Erkenntnisse zuläßt. Es besteht daher auch im Bereich der Marktforschung noch weitreichender Forschungsbedarf.

Fazit und Ausblick

Die zeitwertgerechte Reparatur wird zum Regelfall werden, so die einhellige Meinung der Experten. Hierzu sind aber noch vielfältige technische, logistische und rechtliche Aufgaben zu lösen sowie mentale Hemmnisse bei den Werkstätten und den Verbrauchern zu überwinden.

Zentrale Erkenntnis der Veranstaltung war, daß der Erfolg der zeitwertgerechten Reparatur wesentlich vom Aufbau von Altteile-Netzwerken abhängen wird. Für die Akteure ist von besonderer Bedeutung, ein Netzwerk zu schaffen, das eine hohe Marktakzeptanz besitzt. Ziel muß es sein, eine möglichst große Anzahl an Teilnehmern für ein oder mehrere Altteile-Netzwerke zu gewinnen. Mit zunehmender Teilnehmerzahl steigt die Wahrscheinlichkeit, ein gesuchtes Teil für die zeitwertgerechte Reparatur auch tatsächlich zu finden – eine Grundvoraussetzung für die Funktion des organisierten Gebrauchtteilemarktes. Als treibende Akteure für die Umsetzung der zeitwertgerechten Reparatur wurden eindeutig die Altautoverwerter identifiziert. Dienstleister verstärken zudem ihr Engagement, die Verwerter bei der Realisierung technisch und organisatorisch zu unterstützen.

Einigkeit bestand darüber, daß die Bereitschaft, sich an einem Netzwerk zu beteiligen, im wesentlichen durch das Kosten-Nutzen-Verhältnis des einzelnen Betriebes beeinflußt wird. Sind der organisatorische Aufwand und die Anforderungen an die Ausbildung von Mitarbeitern und die technischen Voraussetzungen für eine Mitwirkung ›unangemessen‹ hoch, werden die Akteure ein Altteile-Netzwerk nicht annehmen. Darüber hinaus darf ein Altteile-Netzwerk die Unabhängigkeit der Altautoverwertungsbetriebe und Werkstätten nicht gefährden.

Bei der technischen Realisierung können sich die Betriebe heute schon technischer Dienstleister bedienen, die über standardisierte Schnittstellen einen einfachen Zugang sicherstellen. Als wichtige Anforderung ist die einheitliche Archivierung, am besten mit Gleichteileinformationen in den Datenbanken der Altteile-Netzwerke zu formulieren. Nur so ist ein sicherer und schneller Zugriff auf die Teile zu realisieren. Der Kunde fordert darüber hinaus einheitliche Qualitätsstandards bei den Teilen, verbindliche Zusagen über die Art und den Umfang der Gewährleistung sowie verbindliche Preisangebote.

An die Versicherer wurde appelliert, nicht nur die Kostenvorteile sinkender Orginalersatzteilpreise zu nutzen, sondern auch ökologisch sinnvollen Einsatz gebrauchter Ersatzteile aktiv zu fördern. Eine Unterstützung der Akteure durch vorhandene Marktdaten und mit Listen über die zur Schadenregulierung akzeptierten Gebrauchtteile würden helfen, die Aktivitäten zu fokussieren.

Oberste Maxime für den Kunden ist und wird die technisch einwandfreie Wiederherstellung seines Fahrzeuges sein. Dieses wird nur mit Hilfe der Kfz-Werkstätten zu realisieren sein. Die Werkstätten sind aufgefordert, ihr Engagement und die Öffentlichkeitsarbeit in Zusammenarbeit mit den Verbänden, Innungen und Verbraucherschutzorganisationen zu verstärken. Die aktive Mitgestaltung beim Aufbau wird die Akzeptanz bei den einzelnen Betrieben wesentlich erhöhen. Hier sind die Kontakte der Kfz-Werkstätten mit den Autoverwertern über ihre Funktion als Annahmestelle zu nutzen. Wenn es dann gelingt, durch eine leistungsfähige Logistik die Versorgung der Werkstätten sicherzustellen, werden gebrauchte Ersatzteile zu einer attraktiven Alternative.

Die Anforderungen der einzelnen Akteure an Altteile-Netzwerke sind formuliert, so daß mit der Umsetzung begonnen werden kann. Dann ist es eine Frage der Zeit, wann die nachhaltige Dienstleistung der zeitwertgerechten Reparatur etabliert ist.

3. Workshop
Neue Dienstleistungen – neue Märkte.
Autohäuser als Fachmärkte für Mobilität

veranstaltet von der Fachhochschule Gelsenkirchen und dem
Rheinisch-Westfälischen Institut für Wirtschaftsforschung (RWI)
am 11. November 1998 in Gelsenkirchen,
in Kooperation mit dem Zentralverband Deutsches Kraftfahrzeuggewerbe, Landesverband Nordrhein-Westfalen, sowie dem IFA-
Institut für Automobilwirtschaft, Nürtingen/Geislingen

Bernhard Enning

Ehrenpräsident Deutsches
Kraftfahrzeuggewerbe

*Das Handwerk muß die
Chancen zur Stärkung der
Wettbewerbsfähigkeit nutzen,
die sich u.a. durch die neuen
Kommunikationstechniken für
kleinere und mittlere Unternehmen bieten. Der steigende Verbreitungsgrad von Computern
in privaten Haushalten wird
dazu beitragen, daß die Verbraucher das Internet verstärkt
als Informationsquelle nutzen
werden.*

Prof. Dr. Peter Schulte
Begrüßung und Eröffnung

in seiner Eröffnungsansprache ging der Rektor der Fachhochschule
Gelsenkirchen auf die Bedeutung von Innovationen für die wirtschaftliche Entwicklung ein und stellte hierbei die Rolle der Fachhochschulen heraus. Durch ihren regionalen Bezug und ihrer pra-
xisnahen Ausbildung seien sie ein wichtiger Katalysator für neue
Ideen und Entwicklungen.

Die Fachhochschule mit ihren Standorten in Gelsenkirchen,
Bocholt und Recklinghausen bietet eine Reihe neuer Studiengänge
an, mit denen dem Strukturwandel Rechnung getragen werden soll.
Einer dieser neuen Ausbildungsmöglichkeiten besteht im Bereich
Transport, Verkehr und Logistik. Zu diesem Feld gehören auch
Fragen der Automobilwirtschaft. Es sei daher für die Fachhochschule besonders reizvoll, sich an der Durchführung einer Veranstaltung zu beteiligen, von der neue Impulse für die Entwicklung
dieser Branche ausgehen sollen.

Bernhard Enning
**Strukturwandel im Kfz-Gewerbe – Bedeutung neuer
Dienstleistungen**

Nach Aussagen des Ehrenpräsidenten des Deutschen Kraftfahrzeuggewerbes befindet sich die Automobilwirtschaft in einer aufregen-
den und herausfordernden Phase. Dies betrifft sowohl die Industrie
als auch den Handel. Neue Vertriebsformen wie z.B. in Amerika,
große Händlerketten und Kapitalgesellschaften drängen in den
Markt. Größe allein reicht jedoch nicht aus, Kundenorientierung ist
die Voraussetzung für Erfolg. Hierüber aber verfügt das deutsche
Kraftfahrzeuggewerbe, somit sind die Chancen nicht schlecht.

Gleichwohl muß sich das Kfz-Gewerbe den veränderten Markt-
bedingungen anpassen und neue Ideen entwickeln. Hierzu gehören
auch die Nutzung von modernen Kommunikationsformen, die

stärkere Orientierung bzw. Ausrichtung auf bestimmte Zielgruppen sowie ein Wandel des Selbstverständnisses vom Autoverkäufer zum Mobilitätsmanager. Das Kraftfahrzeuggewerbe sollte sich auch auf die Mobilitätsbedürfnisse einzelner Gruppen einstellen, wie beispielsweise Frauen, junge Fahrer mit wenig Geld, Senioren oder Kunden, die nur zeitweilig ein Auto benötigen. Durch die Ausweitung des Kundenspektrums sollen auch jene Personengruppen erreicht werden, die bislang den Autohäusern weitgehend ferngeblieben sind.

Die Entwicklung in der Branche ist derzeit scheinbar recht widersprüchlich: einerseits wird das Händlernetz ausgedünnt, so daß bereits von der »Servicewüste Deutschland« die Rede sei, andererseits aber werden die Ansprüche und Anforderungen an die Autohäuser erhöht. Zahlreiche Dienstleistungen sind in den letzten zehn Jahren in das Angebot der Autohäuser aufgenommen worden und gelten bereits als Selbstverständlichkeit. 97 Prozent der markengebundenen Unternehmen bieten Mietwagen an, 93 Prozent haben einen Hol- und Bringservice für Werkstattbesuche und 33 Prozent verkaufen Handys bzw. Autotelefone. Weitergehende Dienstleistungen, wie z.B. Fahrschulunterricht oder Reisevermittlung sind dagegen noch selten.

Das Handwerk muß die Chancen zur Stärkung der Wettbewerbsfähigkeit nutzten, die sich unter anderem durch die neuen Kommunikationstechniken für kleine und mittlere Unternehmen bieten. Der steigende Verbreitungsgrad von Computern in privaten Haushalten wird dazu beitragen, daß die Verbraucher das Internet verstärkt als Informationsquelle nutzen werden. Dies gilt unter anderem hinsichtlich der Preisinformationen, der Konditionen, der Finanzierungsdienstleistungen, Verfügbarkeit bestimmter Fahrzeuge etc. Das Handwerk muß sich dieser Kommunikationswege bedienen und die Kundenwünsche in den Mittelpunkt der Geschäftspolitik stellen.

Um die Kundenwünsche besser erfüllen und als Mobilitätscenter wirken zu können, brauchen die Unternehmen eine wirtschaftlich starke Basis. Umsatzrenditen von rund 1 Prozent reichen dafür nicht aus. Eine durchschnittliche Umsatzrendite von 2 bis 4 Prozent ist dringend wieder erforderlich. Eine Verbesserung der Ertragslage ist unter anderem auch deshalb vonnöten, um ausreichend qualifizierte Arbeitskräfte beschäftigen zu können, die für hochwertige Dienstleistungen erforderlich sind.

Ganz wesentlich ist die kritische Analyse der Vertriebskosten. Zum einen müssen »backoffice-Kosten« gesenkt werden, zum anderen müssen langfristige Vertriebsstrategien die Investitionen des Handels sichern. Bei der Bewältigung all der Herausforderungen müssen Kooperationen eine vorrangige Rolle spielen, einzelne – vor allem kleinere Autohäuser – stoßen hier an Grenzen. Im Verband hat die Kooperation einen hohen Stellenwert. Es wurde ein Kooperationsführer als Hilfestellung herausgegeben, der jetzt aktualisiert wurde.

Beispielhaft ist die Kooperation der Innung des Kfz-Gewerbes Recklinghausen / Herne / Gelsenkirchen mit dem Recyclingzentrum Herten zu nennen, mit welcher die Grundlage für das Angebot einer zeitwertgerechten Reparatur in den Betrieben geschaffen worden ist. Freilich ist man hier erst noch in den Anfängen, doch die bisherigen Erfahrungen sind durchaus positiv.

Auch Mobilitätsdienstleistungen kann das einzelne Autohaus erfolgreich nicht allein anbieten, sondern nur in einem Kooperationsnetzwerk. Hierbei müssen auch solche Wege beschritten werden, denen zahlreiche Unternehmen bislang skeptisch gegenüberstanden. Der Blick muß nach vorne gerichtet werden und zwar gemäß dem Motto des Workshops »Neue Dienstleistungen – neue Märkte«.

Bernhard Enning berichtet weiter, daß er sich kürzlich selbst ein Bild von dem Unternehmen Mobility CarSharing in der Schweiz gemacht habe. Nach seinem Eindruck sind die dort vorhandenen Erfahrungen eine gute Basis zur Umsetzung von ökoeffizienten Mobiltiätsdienstleistungen auch in Deutschland. Es ist aus der Schweiz und der nunmehr vorliegenden Untersuchung des Rheinisch-Westfälischen Instituts für Wirtschaftsforschung (RWI) und des Instituts für Automobilwirtschaft (IFA) bekannt, daß der Verbraucher diese Dienstleistungen wünscht. Nicht mehr der Kauf eines Autos allein, sondern die Kombination der Mobilität mit unterschiedlichen Verkehrsträgern entspricht den Bedürfnissen einer wachsenden Zahl an Verbrauchern.

Das Kfz-Gewerbe habe es versäumt, sich frühzeitig im Vermietgeschäft zu engagieren. Es habe dieses Marktsegment ohne Gegen-
wehr anderen überlassen. Nunmehr muß die Chance genutzt werden, zumindest in komplementären Feldern die Kompetenz der
Autohäuser einzubringen und den Markt zu besetzen. Hierzu bedarf
es der Unterstützung durch die neue Regierung, die insbesondere
den Umweltschutz und neue Mobilitätsformen propagiert.

Dr. Gerhard Ernst
DLR Projektträger des BMBF Bonn
Dienstleistungen für das 21. Jahrhundert

Dr. Ernst ging in seinem Beitrag auf die Entstehungsgeschichte der
BMBF-Initiative »Dienstleistung 2000« ein. Das Ministerium für
Bildung und Forschung (BMBF) wollte mit einem breit angelegten
Konzept Forschungen und Dialoge als Beitrag zur Lösung bzw.
Linderung des Arbeitsmarktproblems anregen. Ausgangspunkt war
die Feststellung, daß in der Vergangenheit neue Arbeitsplätze vor
allem im Bereich Dienstleistungen entstanden seien. Sie haben
allerdings keineswegs ausgereicht, um den Verlust an Arbeitsplätzen in anderen Wirtschaftssektoren zu kompensieren. Weiterhin
wird von namhaften Forschern die These vertreten, in Deutschland
gäbe es eine Dienstleistungslücke. Somit lag es nahe, durch die Etablierung von Forschungsverbünden unter Einbeziehung von Unternehmen nach Möglichkeiten zu suchen, neue Dienstleistungsfelder
zu entdecken und deren Entwicklungsmöglichkeiten zu analysieren. Eine wichtige und wesentliche weitere Komponente der
Dienstleistungsinititative besteht in der Verknüpfung mit dem
Anspruch auf »Ökoeffizienz«. Die zu entwickelnden Dienstleistungen sollen einen Beitrag dazu leisten, daß bei gleichbleibendem oder
gar verringerten Ressourcenverbrauch ein höherer volkswirt-
schaftlicher Nutzen erzielt wird. Daher hat auch das Vorhaben
»Marktchancen für das Kfz-Gewerbe durch ökoeffiziente Dienstleistungen« einen wichtigen Beitrag geleistet, in dem es ökologische

Anforderungen (ressourcensparendere Mobilität) und ökonomische Anforderungen (Interessen der Autohäuser und Werkstätten) aufeinander bezogen hat.

Das gesamte Projekt »Dienstleistungsinitiative« des BMBF hatte ein Volumen von 40 Millionen DM, wovon 24 Millionen von den beteiligten Unternehmen aufgebracht worden seien. Dieser Einsatz von der Wirtschaft sei ganz besonders zu würdigen. Anfangs sei man beim Projektträger keineswegs sicher gewesen, was denn mit der Initiative erreicht werden könne. Schließlich habe man sich auf relativ neue Felder begeben und sei auch bei der Forschungsförderung neue Wege gegangen. Nunmehr lägen doch eine Reihe von Anregungen und Vorschlägen vor, von denen sich in der Praxis zeigen wird, ob sie sich erfolgreich durchsetzen werden.

Das BMBF hat sich darauf verständigt, das Projekt mit zusätzlichen Schwerpunktthemen fortzuführen. Ein Teil der Ausschreibungen sind bereits veröffentlicht.

Christian Vonarburg
Sprecher der Geschäftsleitung Mobility CarSharing Schweiz, Luzern
Erfolg mit Mobilitätsdienstleistungen. Erfahrungen aus der Schweiz – Kooperationsideen für deutsche Autohäuser

Die »Mobility CarSharing Schweiz« geht auf erste Initiativen aus dem Jahr 1987 zurück. Bereits 1992 hatten sich rund 2.000 Teilnehmer den damals nur lokalen Systemen angeschlossen. Im Jahre 1994 wurde das Konzept durch eine Kooperation mit lokalen Verkehrsbetrieben erweitert und führte zu einem weiteren Kundenzulauf. In den Jahren 1996 und 1997 veränderte sich die CarSharing-Landschaft der Schweiz erheblich. Durch Übernahmen bzw. den Zusammenschluß mehrerer dezentraler Anbieter entstand »Mobility« als alleiniger schweizerischer Anbieter. Das Angebot konnte erweitert werden und das Unternehmen expandieren. Heute hat »Mobility CarSharing« 24 000 Teilnehmer und stellt 1.000 Fahrzeuge zur Verfügung. Das Unternehmen erzielt inzwischen mit 85 Mitarbeitern einen Umsatz von 15 Millionen Franken (1998). Der Hauptsitz des Unternehmens liegt in Luzern; weitere Geschäftsstellen bestehen in Zürich und Genf. Insgesamt verfügt Mobility CarSharing Schweiz über 700 Standorte im Lande, davon 250 an Bahnhöfen. Ein großer Vorteil des Systems ist die dezentrale Präsenz. Damit unterscheidet sich das Unternehmen unter anderem auch von den Autovermietern. Die Verfügbarkeit der Fahrzeuge soll im Durchschnitt maximal im Umkreis von 10 Minuten von Wohn- und Arbeitsorten sowie Bahnhöfen verfügbar sein. Es ist geplant, die Präsenz in der Westschweiz sowie in den Agglomerations- räumen zu verstärken.

Die Unternehmensstrategie besteht darin, »Mobility« als Mar- kennamen zu etablieren. Als Produktnamen sind »Auto auf Abruf«, »züri mobil« und »Mobility RailCard 444« im Umlauf. Car-Sharing stellt somit zwar das wichtigste, nicht aber das alleinige Geschäfts- feld dar. Es wird eine umfassende Kompetenz für Mobilitätsdienst- leistungen angestrebt. Das Unternehmen hat heute in der Schweiz einen beachtlich hohen Bekanntheitsgrad.

Im Angebot des Unternehmens befinden sich Fahrzeuge unter- schiedlicher Marken (es dominiert zur Zeit Opel) und Typen. Derzeit wird ein Ausbau des Fahrzeugbestandes mit Autos der Oberklasse (Business Car-Sharing) sowie im Kleinwagenbereich mit Smart- Fahrzeugen angestrebt. Aber auch Cabriolets, Minivans oder andere beliebte Autos sollen das Programm ergänzen.

Mobility CarSharing Schweiz ist eine Mitgliederorganisation, d.h. die Teilnehmer können die Dienstleistungen mit einer einmaligen Einlage in Höhe von 1000 sFr und einer Monatsgebühr von 111 bis 250 sFr – je nach Art des Abonnements – in Anspruch nehmen. Für den Kunden erfolgt die Teilnahme am Car-Sharing in drei Schritten: Reservieren, fahren, zahlen.

Die Kundenstrukturen haben sich im Laufe der Zeit verändert. Bis 1996 waren die Kundinnen und Kunden durchschnittlich 35 bis 45 Jahre alt, gut gebildet und hatten ein überdurchschnittliches Ein- kommen. Seit 1996 nähert sich die Mitgliederstruktur weitgehend dem Durchschnitt der Bevölkerung an. Zwar hat sich das Durch- schnittsalter auf 25 bis 35 Jahre verringert, doch gleichzeitig hat auch der Anteil der Pensionäre zugenommen. Statt ökologischer Motive zur Mitgliedschaft werden nunmehr stärker ökonomische genannt. Auch das durchschnittliche Einkommen liegt heute niedriger als im ersten Untersuchungszeitraum.

Mobility CarSharing Schweiz verfolgt das Ziel, es dem Kunden so einfach wie möglich zu machen. Reservierungen sind daher auf verschiedene Art und Weise möglich, beispielsweise telefonisch, schriftlich oder über Internet. Von besonderer Bedeutung sind die in den Autos installierten elektronischen Systeme zur Freischaltung der Fahrzeuge. Mit Hilfe einer »berührungsfreien« Chipkarte und einem Sensor an der Innenseite der Windschutzscheibe wird das Auto (bei vorliegender Reservierung) ohne Schlüssel geöffnet. Im Wagen wird die Chipkarte in einen Bordcomputer gesteckt, der die Wegfahrsperre aufhebt und alle erforderlichen Daten registriert, die wiederum über ein Satellitensystem an die Zentrale geleitet werden (MobiSys). Diese technischen Einrichtungen sind ein ganz wesentliches Element zur Vereinfachung der Inanspruchnahme der Dienstleistungen von Mobiltiy Schweiz. Mit dieser integrierten Hard- und Softwarelösung ist das Unternehmen weltweit führend.

Gegenüber herkömmlichen Autovermietungen beruht der Erfolg auf dem dezentralen Netz, dem festen Kundenstamm und die Konzentration auf die Kurzzeitvermietung. Die Wahrscheinlichkeit eines Kunden, zum gewünschten Zeitpunkt den gewünschten Fahrzeugtyp auch zu bekommen, liegt bei durchschnittlich 95 Prozent. Die Verfügbarkeit von Fahrzeugen ist eine weitere wichtige Voraussetzung dafür, Kunden zu gewinnen und zu behalten. Hinzu kommen die Preisvorteile gegenüber herkömmlichen Vermietungssystemen. Mobility CarSharing Schweiz versteht sich als Ergänzung zu den großen Vermietungsunternehmen, die ihr Klientel vornehmlich im Bereich der Langzeitvermietung haben. Kunden, die für mehr als zwei Tage ein Fahrzeug zu mieten wünschen, werden an Autovermietungen weitergeleitet.

In dem Bestreben, umfassender Anbieter für Mobilitätsdienstleistungen zu sein, wurde eine Magnetkarte eingeführt, die auch von öffentlichen Verkehrsunternehmen akzeptiert wird. Man strebt das Konzept der sogenannten kombinierten Mobilität an, d.h. eine Verknüpfung der verschiedenen Mobilitätsformen je nach Bedarf der Kunden.

In seinem Vortrag ging Herr Vonarburg auch auf die Situation in Deutschland ein. Er empfindet die bestehenden Car-Sharing Unternehmen als zu wenig markt- und kundenorientiert. Nach seiner Einschätzung haben die deutschen Unternehmen folgende Probleme:

- falsche Zielgruppenorientierung, ungünstige Positionierung,
- unternehmerische Zersplitterung, deshalb schlechte Quernutzung und fehlende Marktpartner (Deutsche Bahn AG),
- ein großes nicht genutztes Potential an Kunden.
- Die Fusion StattAuto Berlin mit der CarSharing Organisation in Hamburg zu einer Aktiengesellschaft sei ein wichtiger Schritt in die richtige Richtung.

Christian Vonarburg sieht große Chancen, den deutschen Markt gemeinsam mit weiteren Partnern fortzuentwickeln. Hierzu ist allerdings eine Kooperation verschiedener Akteure vonnöten. Die Autohäuser und Werkstätten seien ein wichtiger Partner im Aufbau eines flächendeckenden Systems. Die Zusammenarbeit zwischen CarSharern und dem Kfz-Gewerbe könnte eine ideale Allianz zur Markterschließung sein, wenn beide Partner ihre jeweiligen Stärken einbringen.

Mobility CarSharing Schweiz will nicht Car-Sharing im Ausland betreiben, sondern möchte ein Länder übergreifendes Angebot mit einem einheitlichen Betriebssystem etablieren. Die Eigenständigkeit der nationalen Unternehmen soll allein schon deshalb bewahrt bleiben, weil Dezentralität – wie bereits begründet – eine wesentliche Erfolgsvoraussetzung darstellt.

Weiterhin soll es möglich sein, unter einheitlichen Rufnummern europaweit Reservationen durchzuführen. Des weiteren sollten in allen Ländern die Autos mit dem smardcard-System ausgerüstet werden, wie bereits in der Schweiz, weil dies sich bewährt habe. Diese Karte sollte kombinierte Mobilität europaweit ermöglichen. Mobility CarSharing Schweiz möchte die anderen europäischen Länder an ihren Erfahrungen teilhaben lassen. Sie bietet nicht nur das technische Konzept MobiSys sondern auch Beratungen hinsichtlich der Unternehmens- und Betriebsentwicklung, des Marketings sowie der Marktforschung an.

Willi Diez

Betreiberkonzepte für Autohäuser im Wandel: »Autohäuser als Fachmärkte für Mobilität«

Der Kfz-Handel und das Kfz-Handwerk spielen aus gesamtwirtschaftlicher Sicht eine gewichtige Rolle, da diese Bereiche hinsichtlich der Beschäftigung und des Umsatzvolumens in den vergangenen Jahrzehnten zunehmend an Bedeutung gewonnen haben. Während der Strukturwandel in der Automobilindustrie in den vergangenen Jahren im Vordergrund der öffentlichen Diskussion stand, konnte das Kfz-Gewerbe aber kaum die Aufmerksamkeit der öffentlichen und wissenschaftlichen Meinungsbildner auf sich ziehen. Dabei befinden sich gerade die Bereiche des Kfz-Handels und der Reparatur gegenwärtig in einem nicht minder gravierenden strukturellen Wandel.

Anpassungsdruck im Kfz-Gewerbe

Mit einer Motorisierungsdichte von 625 Pkw je Tausend Erwachsenen befindet sich Deutschland in der Spitzengruppe der entwickelten Industrieländer. Nach der Shell-Prognose wird die Motorisierung in Deutschland langfristig zwar weiter ansteigen, doch mit einem deutlich reduzierten Wachstumstempo. So erwartet die Shell-Prognose bis zum Jahr 2001 einen Anstieg des Pkw-Bestandes von gegenwärtig rund 41,0 Millionen Fahrzeugen auf 46,2 bis 48,8 Millionen Neuwageneinheiten. Dies entspricht einem jährlichen Wachstum von etwa 0,9 bis 1,3 Prozent. Getragen wird dieses bescheidene Wachstum weitestgehend von dem stetig zunehmenden Motorisierungsgrad der weiblichen Verkehrsteilnehmer. Die

Prof. Dr. Willi Diez

Fachhochschule Nürtingen

Autohäuser und Werkstätten können als »Fachmärkte für Mobilität« mit ihrem dezentralen Angebot sehr wahrscheinlich Kundenwünsche erreichen, die öffentliche Verkehrsunternehmen oder bestimmte Car-Sharing-Organisationen nicht erreichen können. Letztendlich können innovative Nutzungskonzepte – wie das Kilometerleasing – sowohl einen Beitrag zur Ökoeffizienz und zur Beschäftigungssicherung als auch zu den Innovationszielen des Kfz-Gewerbes leisten.

Neuzulassungen werden gemäß der Prognose nur noch leicht – von gegenwärtig rund 3,5 Millionen Einheiten – auf 3,6 bis 4,1 Millionen Pkw im Jahr 2010 ansteigen. Dabei wird die Nachfrage zu über 90 Prozent vom Ersatzbedarf bestimmt.

Nachdem die Rationalisierungspotentiale der Automobilhersteller beim Einkauf und in der Produktion weitgehend ausgereizt scheinen, gerät nun der Kfz-Handel als »Verteiler der Industrie« ins Blickfeld der Herstellerbemühungen um schlankere Strukturen. Aufgrund des relativ ausgeprägten Intra- und Inter-Brand-Wettbewerbs hat die im Ländervergleich kleinbetrieblich strukturierte Händlerschaft in Deutschland gegenwärtig mit sinkenden Erträgen zu kämpfen – bei gleichzeitig steigenden Anforderungen der Automobilhersteller.

Der Gebrauchtwagenmarkt erwies sich hingegen in der Vergangenheit als einer der wenigen Wachstumsmärkte im Automobilgeschäft. Diese Rolle könnte er auch in Zukunft behalten. Nach einer Prognose des Instituts für Automobilwirtschaft (IVA) an der Fachhochschule Nürtingen wird der Gebrauchtwagenmarkt von gegenwärtig knapp 7,6 Millionen Fahrzeugen bis zum Jahr 2005 auf 8,3 bis 9,3 Millionen Besitzumschreibungen ansteigen. Außerdem hat der Marktanteil von Gebrauchtwagen, die von privater Hand verkauft werden, deutlich abgenommen – insbesondere zugunsten des fabrikatsgebundenen Automobilhandels.

Besonders kritisch stellt sich aber die Situation auf dem Markt für Wartungs- und Reparaturleistungen sowie Ersatzteile dar. Die Verlängerung bzw. Flexibilisierung der Wartungsintervalle sowie Qualitätsverbesserungen werden in Zukunft zu einem deutlichen Rückgang des Werkstattgeschäftes führen. Hinzu kommt der Rückgang der durchschnittlichen jährlichen Fahrleistungen pro Fahrzeug von gegenwärtig rund 12.500 km auf etwa 11.800 km bis zum Jahr 2010. Obwohl es schwierig erscheint, die vielfältigen Einflußfaktoren auf dem Servicemarkt im einzelnen zu quantifizieren, dürfte ein Rückgang des gesamten Servicemarktvolumens – gemessen in Wartungs- und Reparaturstunden – in Deutschland um 20 Prozent bis zum Jahr 2005 nicht unwahrscheinlich sein.

Alles in allem machen die vorgenannten Szenarien in den originären Geschäftsfeldern des Kfz-Gewerbes die »Grenzen des

Wachstums« deutlich, wodurch ein erheblicher Anpassungsdruck erkennbar wird. Viele mittlere und große Handwerks- und Handelsunternehmen denken aufgrund der aufgezeigten Struktur- und Entwicklungsprobleme im Kfz-Gewerbe sowie der beachtlich hohen Ressourcen- und Emissionsintensität des Pkw-Verkehrs über neue Dienstleistungen und betriebliche Umstrukturierungen nach, während sich kleinere Unternehmen hier noch sehr zurückhaltend geben. Sie haben spezifische Probleme, ihr Dienstleistungsspektrum auszuweiten.

Lösungsansätze zum Strukturwandel

Gegenstand der vorliegenden Untersuchung des RWI und des IFA sind deshalb innovative Dienstleistungen für das Kfz-Gewerbe, die – bei gleichzeitig verbesserter Schonung der Umwelt – dazu beitragen, neue Märkte zu erschließen, die Stagnation bei den traditionellen Märkten zu kompensieren sowie die Beschäftigung langfristig zu sichern. Die Forschungstätigkeit konzentrierte sich entsprechend auf die Identifizierung »ökoeffizienter« Dienstleistungsfelder und auf die Chancen zur Implementierung derartiger Dienstleistungsangebote in die Strukturen des Kfz-Gewerbes. Die neuen Dienstleistungen sollten dabei das gleichzeitige Erreichen von Innovations-, Beschäftigungs- und Umweltzielen ermöglichen.

Der Untersuchungsgegenstand sowie der Projektauftrag bedingte die Wahl eines explorativen Forschungsdesigns. Dieses basiert auf einem Methodenmix aus qualitativer und quantitativer Forschung, das gleichzeitig auch Aspekte der Aktionsforschung beinhaltet:

- Für die Identifikation und Priorisierung geeigneter Dienstleistungsinnovationen wurde ein qualitativer Ansatz gewählt. In diesem Zusammenhang wurden 22 Interviews mit Gesprächspartnern aus 15 Autohäusern und Werkstätten verschiedener Fabrikate geführt. Zusätzlich konnten zwei Interviews mit Führungskräften aus der deutschen Automobilindustrie, vier Gespräche mit Vertretern des Zentralverbandes Deutsches Kfz-

Gewerbe (ZDK) und Funktionsträgern der Kfz-Innung sowie verschiedene Interviews mit Händler- bzw. Werkstattverbänden, Handwerkskammern, Unternehmensberatern und mit einer Car-Sharing-Organisation geführt werden.

- Für diejenige Dienstleistung, die gemäß den Ergebnissen der Experteninterviews die größten Markt- und Entwicklungschancen aufweist, sollte eine konkrete Marktpotentialabschätzung vorgenommen werden. Hierzu wurde eine repräsentative Bevölkerungsbefragung durchgeführt.
- Die vorliegende Untersuchung enthielt auch Aspekte der Aktionsforschung. Die Integration interessierter Autohäuser, Werkstätten und Verbände sowie deren Unterstützung bei den Schritten zur Umsetzung ökoeffizienter Dienstleistungen war ausdrücklich ein wesentlicher Bestandteil des Projektauftrages des Bundesministeriums für Bildung und Forschung (BMBF).

Mögliche innovative und ökoeffiziente Dienstleistungsbereiche

Aus den zentralen Entwicklungslinien des Kfz-Gewerbes sowie den Überlegungen zur Steigerung der Ressourcenproduktivität durch neue Dienstleistungen ergaben sich folgende Bereiche, die in die Gespräche mit den Unternehmen im Kfz-Gewerbe sowie den Verbandsvertetern einbezogen wurden:

- die Gewinnung, Aufbereitung und Verwendung von Altteilen und -stoffen,
- der Internet-Handel und die Internet-Kommunikation,
- die vorsorgende Wartung im Rahmen von Garantieverlängerungen,
- die kundennahe Fahrzeugmodifikation von Neuwagen durch das Handwerk,
- die technische und logistische Betreuung der Fahrzeugnutzung,
- neue Mietangebote – wie die Vermietung von Fahrzeugteilen und -zubehör, Werkstattplätze, Werkzeuge etc. – sowie

- innovative Mobilitätsdienstleistungen durch Autohäuser und Werkstätten.

Die Einschätzung der Befragten hinsichtlich der genannten Dienstleistungen war sehr unterschiedlich. Eher skeptisch beurteilt wurde die anteilige Endmontage von Neufahrzeugen und das Upgrading im Gebrauch befindlicher Fahrzeuge. Demgegenüber wurden für den Internethandel und die Internet-Kommunikation, das Voll- oder Komplett-Leasing, die Vermietung von Verkehrstelematik sowie für das Pool-Leasing erhebliche Marktchancen eingeräumt. Als Aktivitäten mit besonders hohen Markt- und Entwicklungschancen wurden die Bereiche der zeitwertgerechten Reparatur mit Alt- und Gebrauchtteilen sowie neue Mobilitätsdienstleistungen eingestuft. Im Rahmen der Interviews mit den Experten aus dem Kfz-Gewerbe wurde das Konzept einer neuen Dienstleistung entwickelt, die als »Kilometer-Leasing: Auto auf Abruf« bezeichnet wurde.

Die nachfolgenden Untersuchungen stützten sich dann auch im Schwerpunkt auf die Umsetzungsbedingungen der neuen Mobilitätsdienstleistungen – insbesondere auf das »Kilometer-Leasing: Auto auf Abruf« und damit auf den sich daraus ergebenden Betriebstyp »Autohaus als Fachmarkt für Mobilität«. Dies bedeutet nicht, daß andere Kernkompetenzen sowie die damit verbundenen Betriebstypen und Dienstleistungen vernachlässigt werden sollten. Daß die übrigen genannten, möglicherweise ökoeffizienten Dienstleitungen und Bereiche – wie beispielsweise die zeitwertgerechte Reparatur – nicht vertieft behandelt wurden, hat im wesentlichen forschungspragmatische Gründe. Zum einen hat sich diesen Themen die einschlägige Literatur schon vielfach ausführlich angenommen. Außerdem gibt es bereits verschiedene etablierte Initiativen auf Innungs- und Verbandsebene, die in vielen dieser Bereiche tätig sind. Welche Marktchancen aber mit den ökoeffizienten Mobilitätsdienstleistungen für Autohäuser und Werkstätten verbunden sind und welche Hemmnisse ihnen entgegenstehen, war dagegen weitgehend unklar.

Das Konzept »Kilometer-Leasing: Auto auf Abruf«

Anders als beim Begriff Car-Sharing soll beim »Kilometer-Leasing: Auto auf Abruf« nicht die gemeinschaftliche Nutzung von Gemeinschaftsfahrzeugen durch einen Zusammenschluß gleichgesinnter Mitglieder einer Organisation im Mittelpunkt stehen. Beim Kilometer-Leasing soll – auf der Basis modernster Telematik und Software – vielmehr eine professionelle, wohnungsnahe Kurzzeitmiete sowie die temporäre und einfache Verfügbarkeit über ein Automobil ermöglicht werden, dessen Eigentümer das Autohaus oder die Werkstatt ist.

Beim »Auto auf Abruf« der Kilometer-Leasing-Variante geht es im Schwerpunkt um eine wohnungsnahe Vermietform. Die nächste Fahrzeugstation soll innerhalb von maximal fünf Minuten erreichbar sein. Beim Kilometer-Leasing vereinbaren die Vertragspartner eine bestimmte Kilometerlaufleistung, die mit einer Leasingrate abgegolten wird.

Das Leistungsangebot besteht aus verschiedenen Kilometer-Paketen, z.B. 800, 1.000, 2.000, 3000 Kilometer. Durch eine derartige Paketlösung können zum einen monatlich feste Raten vereinbart werden und zum anderen individuelle Rabattierungen (beispielsweise hinsichtlich der Nutzungszeit) in Ansatz kommen. Darüber hinausgehende Fahrleistungen werden entsprechend den Kilometer- und Stundensätzen abgerechnet. Außerdem sorgt die Paketlösung für kalkulierbare monatliche Raten und eine entsprechende Kostentransparenz aus der Sicht des Nutzers. Ergänzend zu den genannten Paketen wird es auch die Möglichkeit der Inanspruchnahme eines Einzeltarifs – also kein Paketzwang – gehen müssen. Zudem sollten zusätzliche Dienstleistungen angeboten werden. In einem anwenderfreundlichen »Mobilitätspaket« können verbilligte ÖV-Tickets, günstige Miettarife für Langzeitmieten und sogenannte One-way-Mieten sowie die Car-Pooling-Beratung genutzt werden.

Kilometer-Leasing unterscheidet sich sowohl vom klassischen Vermietgeschäft als auch vom traditionellen Leasing-Modell

Kilometer-Leasing unterscheidet sich sowohl vom klassischen Vermietgeschäft als auch vom traditionellen Automobil-Leasing. Mit dem Dienstleistungsangebot »Kilometer-Leasing: Auto auf Abruf« sollten explizit auto-affine statt nur ÖV-affine Kunden angesprochen werden. Es richtet sich dabei insbesondere an Automobilkunden mit relativ geringen Fahrleistungen (weniger als ca. 7.000 km je Auto im Jahr) und niedrige Nutzungshäufigkeiten.

Die Buchung der Fahrzeuge erfolgt telefonisch oder über das Internet. Es ist also – anders als bei den klassischen Automobilvermietungen – kein persönlicher Schalterkontakt notwendig, da es sich um einen festen Kreis von registrierten Nutzern handelt. Die Fahrzeugstationen zur Übernahme der Fahrzeuge befinden sich auf dem Gelände von Autohäusern, Werkstätten oder Tankstellen, auf Parkplätzen oder Freiflächenstellplätzen, in Parkhäusern oder Garagen. Anders als beim traditionellen Leasing-Modell steht dem Nutzer beim »Kilometer-Leasing: Auto auf Abruf« nicht permanent ein Fahrzeug zur Verfügung. Die Vereinbarung zwischen Leasing-Geber (Autohaus oder Werkstatt) und Leasing-Nehmer (Automobilkunde) bezieht sich vielmehr auf eine stunden- oder tageweise Nutzung.

Kilometer-Leasing: Marktpotential und Zielgruppen

Wie groß das Marktpotential für ökoeffiziente Mobilitätsangebote – und hier insbesondere wieder des Kilometer-Leasing – in Deutschland ist, sollte auf Grundlage der bereits erwähnten repräsentativen Bevölkerungsbefragung erhoben werden. Den persönlich Befragten wurden dabei die wesentlichen Elemente des Kilometer-Leasing-Angebots in einem relativ ausführlichen Erläuterungstext vorgestellt. Es wurden mit insgesamt 2.504 Personen im Alter zwischen 18 und 69 Jahren persönliche Interviews durchgeführt.

Die Befragung zielte insbesondere auf die Akzeptanz einer im Rahmen der Experteninterviews entwickelten Mobilitätsdienstleistung ab und bezog sich auf konkrete Kostentarife für die Nutzung bzw. Inanspruchnahme von abrufbaren Fahrzeugen in Kombination mit bestimmten Dienstleistungseigenschaften. Aus der Befragung und den anschließend durchgeführten Berechnungen können zusammenfassend folgende Ergebnisse angegeben werden:

- Von den Befragten mit Führerschein der Klasse 3 (Pkw) äußerten insgesamt 18,8 Prozent, daß sie Kilometer-Leasing in der konkret beschriebenen Form »gerne in Anspruch nehmen würden«.
- 81,2 Prozent der Gesprächspartner gaben hingegen an, daß dieses Angebot für sie »nicht interessant« sei.
- Auf die Gesamtzahl der deutschen Führerscheinbesitzer im Alter von 18 bis 69 Jahren – das sind etwa 39,047 Millionen Menschen – hochgerechnet, ergibt die Zustimmungsquote von 18,8 Prozent für Kilometer-Leasing ein Marktpotential von rund 7,341 Millionen Personen.
- Berücksichtigt man die Altersgrenzen der Befragungsstichprobe sowie die Tatsache, daß sich die Befragung nur an Deutsche richtete, so dürfte das Marktpotential einschließlich der Interessierten bei den in Deutschland lebenden Ausländern sowie den über 69jährigen deutlich über 7,6 Millionen Menschen liegen.
- Die Frauen stimmten dem Kilometer-Leasing-Konzept mit einem merklich höheren Anteil (21,4 Prozent) als die männlichen Interviewpartner (16,7 Prozent) zu.
- Bei den unterschiedlichen Berufs- und Bevölkerungsgruppen sind in erster Linie die in Ausbildung befindlichen (35,7 Prozent) sowie die arbeitssuchenden Personen (31,5 Prozent) besonders stark an Kilometer-Leasing interessiert. Aber auch Hausfrauen/-männer (20,6 Prozent) und Beamte (20,0 Prozent) zählten überdurchschnittlich oft zu den Befürwortern dieses Konzepts.
- Besonders Führerscheinbesitzer mit Abitur und abgeschlossenem Studium (26,9 Prozent) – gefolgt von Personen mit mittleren Schulabschlüssen (20,2 Prozent) – kommen als Kilometer-Leasing-Interessenten in Frage.

- Die Auswertung nach dem (Haushaltsnetto-) Einkommen hatte zum Ergebnis, daß die einkommensschwächeren Bevölkerungsschichten – beispielsweise bis 1.999 DM Nettoeinkommen im Monat (33,5 Prozent) – sowie die mittleren Schichten sehr stark am Kilometer-Leasing interessiert sind.
- Bei der Haushaltsgröße liegen die Single-Haushalte mit 26,5 Prozent der Befragten an erster Stelle. Während die Zwei- und Dreipersonenhaushalte eher zurückhaltend beim Interesse an Kilometer-Leasing waren, sind die Vierpersonenhaushalte (20,1 Prozent) wieder sehr stark bei den befürwortenden Nennungen vertreten.
- Insbesondere Ballungszentren scheinen für Kilometer-Leasing gut geeignet. Bei den Orten über 200.000 Einwohnern waren 24,9 Prozent der Befragten der Meinung, daß sie bei einem entsprechenden Angebot auf diese Mobilitätsdienstleistung zurückgreifen würden. Insbesondere im Bundesland Hamburg war dieser Anteil mit 37,3 Prozent sehr hoch.
- Nur die Autofahrer, die heute überwiegend ein Fahrzeug der Premiumhersteller Audi, BMW und Mercedes im Verkehr bewegen sowie Ford-Fahrer und Lenker japanischer Fahrzeuge, sind überdurchschnittlich oft vom Kilometer-Leasing abgeneigt. Die Fahrzeuglenker aller anderen Fabrikate stimmten mit überdurchschnittlichen Anteilen für das Konzept »Kilometer-Leasing: Auto auf Abruf«.

Die Befragungsdaten zeigen weiterhin, daß der potentielle Markt weit über eine »soziokulturelle Nische« hinausgeht. Die zustimmenden Aussagen zum Kilometer-Leasing-Angebot kommen aus allen sozialen Schichten und Einkommensgruppen. Hinsichtlich soziodemographischer und nutzungstypischer Merkmale können gravierende Unterschiede zwischen der traditionellen Nutzerstruktur von Car-Sharing-Organisationen (CSO) und denen der Kilometer-Leasing-Interessenten ausgemacht werden. Es ist nicht anzunehmen, daß die in Deutschland bestehende Struktur der CSO das ermittelte Marktpotential allein erschließen könnte.

Die nähere Analyse der Befragungsergebnisse zeigt darüber hinaus, daß Kilometer-Leasing für das Kfz-Gewerbe nicht nur hinsichtlich des Volumens, sondern auch bezüglich der Struktur von potentiellen Interessenten außerordentlich bedeutsam ist. Auch bei den bisher überwiegend genutzten Fabrikaten repräsentieren die Kilometer-Leasing-Interessierten einen Branchenquerschnitt. Außerdem würde das entwickelte Konzept des Kilometer-Leasings den Autohäusern und Werkstätten den Einstieg in das Pool-Leasing ermöglichen (z.B. einen Kleinwagen kaufen und bei Bedarf einen Van ergänzend mieten). Für Kilometer-Leasing gibt es, wie die Befragung zeigt, auch einen gewerblichen Markt, da das Interesse bei Selbständigen durchaus vorhanden ist.

Marktvolumen und Profitabilität

Eine überschlägige betriebswirtschaftliche Berechnung belegte, daß Kilometer-Leasing für die Autohäuser und Werkstätten nicht nur als »Folgemarkt« – wie beispielsweise durch die Gewinnung von Kundenkontakten und Kundenfrequenz zur Absatzförderung bestehender Kerndienstleistungen – interessant sein könnte, sondern auch als eigenes Geschäftsfeld sehr profitabel wäre.

Den an Kilometer-Leasing Interessierten wurde hierzu in der Stichprobe die Frage gestellt, welche Wahl sie bezüglich der Kilometerpakete treffen würden. Auf diese Fragestellung antworteten nur 16,2 Prozent mit »weiß nicht«, während 83,6 Prozent konkrete Kilometer-Pakete auswählten. Das durchschnittlich präferierte Kilometer-Paket umfaßt rund 2.700 km und 1.810 DM im Jahr. Gewichtet man die gewählten Preise der Kilometer-Pakete mit der hochgerechneten Zahl der Interessenten, so ergibt sich ein potentielles Umsatzvolumen für Kilometer-Leasing von rund 11,1 Milliarden DM. Rechnet man die Einnahmen aus der monatlichen Grundgebühr hinzu, so ergibt sich ein Marktvolumen von etwa 12 Milliarden DM im Jahr.

Für die Berechnungen innerhalb des Forschungsprojekts wurden aber »pessimistischere« Annahmen gewählt. So wurde im zehnten Jahr der Einführung des Kilometer-Leasing-Konzepts »nur« mit einer Nutzerzahl von etwa 1,9 Millionen Teilnehmern gerechnet. Außerdem kam ein durchschnittlich kleineres Paket mit 1.800 km bzw. 1.200 DM je Kunde im Jahr in Ansatz. Rechnet man die ermittelten Kosten und Erlöse gegeneinander auf, so müßte der Break-even-Punkt schon im vierten Jahr erreicht werden. Im zehnten Jahr dürfte ein gesamtes Umsatzvolumen von ca. 2,3 Milliarden DM erreicht werden – und das nur bei etwa 1,9 Millionen Kilometer-Leasing-Nutzern. Den Berechnungen zufolge müßte dann das Nettoergebnis (vor Steuern) bei einem Gesamtvolumen von etwa 279 Millionen DM liegen. Selbst bei einer relativ geringen Ausschöpfung des Marktpotentials sowie einer – im Vergleich zur Befragung – reduzierten jeweiligen Fahrleistung können sich also für Autohäuser und Werkstätten beachtliche Nettoergebnisse ergeben.

Beschäftigungseffekte

Durch Kilometer-Leasing sind quantitativ keine signifikanten Beschäftigungszuwächse zu erwarten. Derartige Mobilitätsangebote können aber in nicht unerheblichem Umfang zur Sicherung von Arbeitsplätzen beitragen. Zusammenfassend können zur gesamtwirtschaftlichen Bedeutung folgende Aussagen getroffen werden:

- Die Substitutionswirkungen auf die Neuzulassungen und den Pkw-Bestand sind als nicht gravierend einzuschätzen. Der Nettosubstitutionseffekt kann gemäß den Befragungsergebnissen mit maximal rund 6,7 Prozent der potentiellen Nutzer angegeben werden – eine Dimension, die für das Kfz-Gewerbe nicht besorgniserregend sein dürfte. Entsprechendes gilt auch für die potentiellen negativen Beschäftigungseffekte für die deutsche Automobilindustrie.
- Die gesamtwirtschaftliche Bedeutung ökoeffizienter Dienstleistungen ist primär im Innovations- und Wettbewerbsaspekt sowie der Verminderung von Ressourcenverbräuchen zu sehen und weniger in der kurzfristigen quantitativen Beschäftigungszunahme. Für das Kfz-Gewerbe wird erwartet, daß neue Dienst-

leistungen den sich abzeichnenden Abbau der Beschäftigtenzahl der Branche zumindest zum Teil auffangen könnten. Qualitativ beinhalten ökoeffiziente Dienstleistungen neue Herausforderungen an die Qualifizierung (Umgang mit Telematik, Denken in Kategorien des Kundennutzens, Dienstleistungsgestaltung unter Ökoeffizienz-Gesichtspunkten, Kooperationserfordernisse etc.), an Arbeitsorganisation und Arbeitsschutz.

Zusammenfassung und weiterführende Überlegungen

Zusammenfassend zeigt die Befragung, daß es gegenüber der gegenwärtigen Situation erhebliche zusätzliche Mobilitätsbedürfnisse gibt. Kilometer-Leasing würde einerseits diesen Bedürfnissen entsprechend Rechnung tragen, andererseits jedoch eine Form der Autonutzung etablieren, die umweltverträglicher ist als die gegenwärtig vorherrschende Nutzung eines privaten Pkw. Das Konzept »Kilometer-Leasing: Auto auf Abruf« stellt außerdem für Autohäuser und Werkstätten die Chance dar, in das Marktsegment der Mobilitätssysteme einzutreten. Kilometer-Leasing könnte dabei neben den bereits vorhandenen Geschäftsfeldern – wie dem Kundendienst-, Ersatzteil- und Zubehörbereich sowie dem Neu- und Gebrauchtwagenverkauf – als komplementäres Betätigungsfeld in den Automobilbetrieben installiert werden. Es wäre somit möglich, daß die Mobilität mittels Automobil – vom Fahrzeugverkauf und dem entsprechenden Kundendienst über intelligente Abruf- und Buchungssysteme, bis hin zur Fahrzeugverwertung – umfassend aus einer Hand angeboten werden könnte.

Bei der Analyse der betriebswirtschaftlichen Rentabilität der Dienstleistung »Kilometer-Leasing: Auto auf Abruf« wird deutlich, daß es die steigenden Skalenerträge sind, die das Geschäft für die Autohäuser und Werkstätten profitabel machen. Es geht also darum, Kilometer-Leasing einer »Industrialisierung« und »Professionalisierung« zuzuführen, um rasch die notwendigen »großen« Zahlen zu erreichen. Bei einer angenommenen Entwicklungsphase von zehn Jahren bis zum Abschluß der Wachstumsphase und unter plausiblen

Annahmen zur Kosten- und Erlösstruktur ergeben sich für die Autohäuser und Werkstätten aus dem Kilometer-Leasing-Geschäft beachtliche Nettoergebnisse. Die angenommene Entwicklung des Kilometer-Leasing-Bereichs dürfte aufgrund der Berechnungen im zehnten Jahr zu dreistelligen Millionenbeträgen im Gesamtvolumen der Ergebnisse führen.

Einzelne Autohäuser und Werkstätten werden aber – insbesondere aus betriebswirtschaftlicher Sicht – nicht in der Lage sein, ein geeignetes und flächendeckendes System eigenständig zu etablieren. Setzt man die Schaffung eines standardisierten und outgesourcten Mobilitätssystems voraus, könnte der Betriebstypus »Autohaus als Fachmarkt für Mobilität« den Untersuchungsergebnissen zufolge für viele Autohäuser und Werkstätten eine betriebswirtschaftlich tragfähige Strategieoption darstellen. Es wird deshalb die Etablierung einer markenübergreifenden Kooperation des Kfz-Gewerbes (MVG – Mobilitätsverbundgesellschaft) vorgeschlagen. Die MVG sollte im Sinne einer »institutionellen Kooperation« des Kfz-Gewerbes zusammen mit händlereigenen Vermietfirmen und kooperationsbereiten Car-Sharing-Organisationen gegründet werden. Die Schaffung einer gemeinsamen Systemplattform (über MVGs und die institutionelle Kooperation) sowie eine markenübergreifende Konzeption verspricht am ehesten, den Markt für Kilometer-Leasing schnell und erfolgreich erschließen zu können. Um Vorteile für alle Beteiligten zu generieren, müßten jedoch Markenegoismen und Kooperationsängste überwunden werden.

Ökoeffiziente Dienstleistungen im Kfz-Gewerbe und im Mobilitätsbereich sind Ausdruck eines innovativen Handelns. Dienstleistungs-Engineering unter Ökoeffizienz-Gesichtspunkten hat einen sehr hohen Neuigkeitscharakter. In der Regel ergeben sich daraus umfassende Produktinnovationen. Dies setzt in gewissem Maße eine Veränderung des im Kfz-Gewerbe vorhandenen Dienstleistungsverständnisses voraus: Weg von der sachgutorientierten Dienstleistung hin zu einem Leistungsspektrum, das an den Kundennutzenkategorien »Funktion« und »Erlebnis« ansetzt und gleichzeitig den Ressourceneinsatz vermindert. Die Ökoeffizienz des Betriebes selbst zu verbessern, setzt Prozeßinnovationen sowie organisatorische Innovationen voraus.

Innovative Nutzungskonzepte im Kfz-Gewerbe – insbesondere
der Mobilitätsbereich – sollen nach Möglichkeit das allgemein angenommene weitere Wachstum der Mobilitätsbedürfnisse einer öko-
effizienteren Nutzung näher bringen. Hierin ist die zentrale Innova-
tionschance neuer Dienstleistungen im Kfz-Gewerbe zu sehen.
Autohäuser und Werkstätten können als »Fachmärkte für Mobilität« mit ihrem dezentralen Angebot sehr wahrscheinlich Kundenwünsche erreichen, die öffentliche Verkehrsunternehmen oder
bestimmte Car-Sharing-Organisationen nicht erreichen können. Als
Gesamtfazit läßt sich festhalten: Innovative Nutzungskonzepte – wie
das Kilometer-Leasing – können sowohl einen Beitrag zur Ökoeffizienz und zur Beschäftigungssicherung als auch zu den Innovationszielen des Kfz-Gewerbes leisten.

Werner Pieper

Ideen für ein zukunftsweisendes Projekt

Werner Pieper widmete sich in seinem Vortrag der Idee, das hier im
Workshop zur Diskussion stehende Modell des Kilometer-Leasings
aufzugreifen und mit Hilfe eines Pilotprojektes in einer abgegrenz-
ten Region umzusetzen. Hierzu habe es bereits im Vorfeld zu der Veranstaltung intensive Gespräche gegeben. Alle Beteiligten seien über-
eingekommen, daß es dringend geboten sei, strategische Allianzen
zu bilden, um neue Dienstleistungsfelder zu erschließen.

Dies gilt insbesondere vor dem Hintergrund, daß die Automobilindustrie gegenwärtig versucht, den Markt neu zu ordnen. Die Aus-
dünnung des Vertragshändlernetzes und die Konzentration in der
Branche zwingen vor allem die mittelständischen Unternehmen zur
Reaktion. Der Markenegoismus und die Intensität des Wettbewerbs
zwischen den Autohäusern ist eine nicht zu vernachlässigende Barriere zur Kooperation. Angesichts der Rahmenbedingungen sind
hier jedoch pragmatische Lösungen unabdingbar.

Dr. Werner Pieper

Mobilitätsverbundgesell-
schaft des Kfz-Gewerbes

*Der Markenegoismus und die
Intensität des Wettbewerbs
zwischen den Autohäusern ist
eine nicht zu vernachlässigende
Barriere zur Kooperation.
Angesichts der Rahmenbedingungen sind hier jedoch
pragmatische Lösungen unabdingbar.*

Werner Pieper geht in seinen Ausführung auf die in der RWI / IFA-Studie dargestellten Kooperationsformen ein. Er begründet die Vorteile einer Zusammenarbeit in Form einer Mobilitätsverbundgesellschaft, da sie sowohl zur Integration nach innen wie auch zum geschlossen Auftritt nach außen beitragen kann.

Die Zustimmung der Bevölkerung zu dem Konzept der Kurzzeitmiete hängt ganz wesentlich von der Höhe der Transaktionskosten (z.B. für Buchung, Nutzung und Abrechnung) und von dem Zugang zu den gewünschten Fahrzeugen ab. Um den Kunden eine möglichst hohe Zuteilungswahrscheinlichkeit gewährleisten zu können, muß ein flächendeckendes Netz an Stützpunkten eingerichtet werden. Dies ist aus einzelbetrieblicher Sicht kaum möglich. Auch einzelne Autohersteller würden schnell an Grenzen stoßen. Es muß also eine markenübergreifende Kooperation angestrebt werden, die auch offen ist für markenfreie Händler und Werkstätten. Nur hierdurch kann es gelingen, in relativ kurzer Zeit eine hohe Marktversorgung sicherzustellen.

Eine Kooperation mit ganz unterschiedlichen Teilnehmern bedarf einer wohlüberlegten organisatorischen Form der Zusammenarbeit. In der RWI / IfA-Studie wird die Gründung einer Mobilitätsverbundgesellschaft (MVG) vorgeschlagen. Ihr soll die Abwicklung des Kilometer-Leasing obliegen. Eine von den teilnehmenden Unternehmen im operativen Geschäft losgelöste Organisation entlastet die Autohäuser und kann sich auf die spezielle Aufgabe der Kurzzeitvermietung konzentrieren.

Eine Mobilitätsverbundgesellschaft könnte
- die Organisation (Reservierung der Kurzzeitmiete über ein 24-Stunden-Callcenter),
- die notwendigen Standardisierungen (Soft- und Hardwarelösungen für weitgehend automatisierte Lösungen) sowie die Organisation der Verkehrsträgervernetzung über die integrierte Chipcard,
- die überregionale Werbung,
- die Abrechnung für das Kilometer-Leasing,
- die Abwicklung der Kooperation mit anderen Partnern (Autovermieter, Deutsche Bahn AG, Taxigewerbe, CarSharing-Organisationen etc.)

In der Diskussion am Vormittag (von links nach rechts): Wilhelm Winter, Deutsches Kraftfahrzeuggewerbe, Landesverband Nordrhein-Westfalen; Dr. Gerhard Ernst, DLR Projektträger des BMBF; Prof. Willi Diez, Institut für Automobilwirtschaft; Dr. Werner Pieper, Mobilitätsverbundgesellschaft des Kfz-Gewerbes; Paul Laser, Mazda-Autohaus Laser; Christian Vonarburg, Mobility CarSharing Schweiz

- sowie (in einer weiteren Ausbaustufe) das Car-Pooling und die Mobilitätsberatung (Routen- und Verkehrswahloptimierung, Ticketservice, ÖPNV-Beratung, Vermittlung von Öko- und Sicherheits-Fahrtrainings etc.)

übernehmen. Die Kunden würden sich bei den beteiligten Autohäusern registrieren lassen, die MVG würde die Buchungen der registrierten Kunden direkt betreuen.

So überzeugend auch die Argumente für eine markenübergreifende MVG des Kfz-Gewerbes sein mögen, sie zu etablieren wird sicherlich schwierig werden. Bereits Ende der achtziger Jahre ist der Versuch einer händlereigenen, markenübergreifenden Autovermietfirma an mangelnder Kooperationsbereitschaft gescheitert. Davon profitierten die heutigen »Großen Vier« der Vermietbranche. Eine solche Chance sollte sich das Kfz-Gewerbe dieses Mal nicht entgehen lassen.

Arbeitsgruppen

Im Anschluß an die Vorträge wurden vier Arbeitsgruppen gebildet, in denen folgende Themen diskutiert wurden:

Arbeitsgruppe 1: Rechnet sich das?
(Berichterstatter: Wilhelm Winter, Düsseldorf)

Es wurden von den Teilnehmern viele detaillierte Fragen zur Ausgestaltung des Konzepts »Kilometer-Leasing« gestellt. Vor allem stand die Frage im Mittelpunkt, ob sich ein solches Konzept für die Unternehmen rechnen würde. Unterschiedlich Einschätzungen gab es hinsichtlich der Kosten der Zentrale. Stefan Reindl vom Institut für Automobilwirtschaft hat anhand der Modellrechnung in der RWI / IfA-Untersuchung verschiedene Varianten vorgestellt. Je nach Annahmen kann sich der Zeitpunkt des Break-Even-Points von 4 auf 6 Jahre verlängern. Ein solcher Zeitraum liegt im Rahmen dessen, was gemeinhin für Investitionen dieser Größenordnung veranschlagt wird.

Zu dem Konzept gab es auch den kritischen Einwand, das Kilometer-Leasing würde sich nachteilig auf den Neu- und Gebrauchtwagenabsatz auswirken. In der Entgegnung wurde ausgeführt, daß das Unternehmen überlegen müsse, in welchem Bereich die besseren Renditen zu erzielen seien. Wenn die Ertragslage im Neuwagenhandel sich weiterhin negativ entwickle, wäre das Angebot von Dienstleistungen möglicherweise ein Ausweg.

Im Ergebnis blieb festzuhalten, daß die in der Studie vorgestellten Modellrechnungen Durchschnittsbetrachtungen seien. Vor jeder Investitionsentscheidung müßten die Bedingungen des Einzelfalls überprüft werden.

Arbeitsgruppe 2: Kooperation

(Berichterstatter: Prof. Dr. Willi Diez, IFA, Nürtingen)

Von den Teilnehmern dieser Arbeitsgruppe wurde die Notwendigkeit der Kooperation für die Realisation des Konzepts herausgestellt. Allerdings gab es hier auch kritische Anmerkungen insbesondere hinsichtlich der Kooperationsbereitschaft der im Wettbewerb stehenden Autohäuser. Für einige Teilnehmer ist schwer vorstellbar, daß Vertragshändler Fremdfabrikate im Leasing-Pool aufnehmen.

Es wurde der Vorschlag unterbreitet, bei den Zielgruppen auch Behörden zu berücksichtigen, für die das Kilometer-Leasing ebenfalls interessant sein könnte.

Ein Händler vertrat die Ansicht, daß es keiner Gemeinschaftsinitiative bedürfe. Vielmehr habe jeder Händler bereits heute die Möglichkeit, mit Car-Sharing-Unternehmen zu kooperieren. Er selbst würde bereits seit geraumer Zeit mit den Bremer Stadtwerken und dem Bremer Statt-Auto zusammenarbeiten.

Von Christian Vonarburg (Mobiltity CarSharing, Schweiz) wird hervorgehoben, daß es ein möglichst flächendeckendes und weitgehend einheitlich funktionierendes System geben sollte. Der Verbraucher wolle sich nicht immer wieder auf andere technische, organisatorische und tarifliche Systeme einstellen. Es müßten vor allem die Probleme der Umsetzung des Konzepts sowie des konkreten Umgangs bei der Inanspruchnahme der Dienstleistung durch den Kunden diskutiert werden. Ganz wesentlich sei eine einfache Handhabung und eine hohe Zuteilungswahrscheinlichkeit. Hierzu könne die Schweiz Ansatzpunkte zur Lösung beisteuern.

Arbeitsgruppe 3: Anforderungen an die Branche, den Verband und die Politik

(Berichterstatter: Dr. Jürgen Creutzig, ZDK, Bonn)

Jürgen Creutzig kündigte in seinem Statement an, daß der ZDK entschieden habe, sich an einer Mobilitätsverbundgesellschaft zu beteiligen. Der Verband sieht in diesem Projekt eine gute Chance, die

Branche bei der Erschließung neuer Marktfelder zu unterstützen. Für die Idee wird der Verband mit einem bundesweiten Marketing werben. Dabei wird vor allem das Konzept des Verbundsystems im Vordergrund stehen, bei dem groß und klein, Taxen und Vermieter, öffentlicher und privater Personennahverkehr miteinander harmonisiert werden.

Jürgen Creutzig hob hervor, daß der Landesverband bereits maßgeblich an der Entwicklung beteiligt sei. Nunmehr wolle der Zentralverband hinzustoßen, um auf Bundesebene das Projekt zu fördern.

Der Verband sieht vor, auf Bundesebene in dem Arbeitskreis der Fabrikatssprecher für das Projekt zu werben. Zudem soll möglichst bald ein Projektleiter gewählt werden. An der Kooperation – in Form eines joint ventures – sollen unter anderem Mobility Car-Sharing Schweiz, Prof. Knie aus Berlin mit seiner Firma »Choice-Mobilitätsmanagement GmbH«, Stattauto Berlin und das Wissenschaftszentrum Berlin teilnehmen.

Siegfried Frick, Rheinisch-Westfälisches Institut für Wirtschaftsforschung, Essen (links) und Dr. Jürgen Creutzig, Hauptgeschäftsführer des Deutschen Kraftfahrzeuggewerbes, Zentralverband (ZDK), Bonn (rechts)

Arbeitsgruppe 4: Kundenbindung
(Berichterstatter: Prof. Dr. Hans-Dieter Dahlhoff,
FHS Gelsenkirchen)

In der Arbeitsgruppe haben Unternehmen aus recht unterschiedlichen Perspektiven beschrieben, wie sie bestrebt sind, Kundenbindungen zu realisieren. Anna Drahovsky aus München berichtete,
wie sie mit persönlicher Ansprache und einer Vielzahl karitativer
und sozialer Engagements bemüht ist, bei den Kunden um Vertrauen zu werben. Beispielsweise bietet das Unternehmen Kom-
plettaufarbeitungen für Fahrzeuge an, es werden Pannenkurse veranstaltet sowie Veranstaltungen zum Fahrertraining durchgeführt.
Daneben beteiligt sich die Firma an Kinderfasching, organisiert Kin-
derverkehrsunterricht oder bietet auch Dienstleistungen an, die nur
bedingt etwas mit dem Auto zu tun haben, wie z.B. Tannenbaum-
entsorgung nach Weihnachten oder Flirtkurse. Der ganz individuelle
Stil der Kundenansprache und Betreuung präge das Firmenimage
und habe unter anderem dazu beigetragen, daß selbst nach dem
Wechsel des Fabrikats der größte Teil der Kunden dem Unternehmen treu geblieben sei.

Firma MOHAG aus Recklinghausen hat einen Umsatz von 550
Millionen DM und verkauft pro Jahr durchschnittlich 15 000 Neu-
fahrzeuge und 6 000 Gebrauchtwagen. Weiterhin betreut das Autohaus rund 4 000 Leasingfahrzeuge. In dieser Größenordnung sind
die von Anna Drahovsky angesprochenen Methoden der Kundenbindung nur bedingt einzusetzen. Das Unternehmen hat viel
Aufwand zur Erfassung der Kundenschaft in einem aufwendigen
EDV-System betrieben. Die Kunden werden automatisch an fällige
TÜV-Termine erinnert oder es werden ihnen Prospekte zu Sonder-
aktionen zugestellt. Während der Dauer einer Reparatur oder Wartung werden dem Kunden zu einem äußerst niedrigen Preis
Ersatzwagen zur Verfügung gestellt. Weiterhin bemüht sich das
Unternehmen, durch Werbung mit Sonderangeboten die Kund-
schaft an sich zu binden.

Der Inhaber einer freien Werkstatt, Herr Hülsdonk, setzt auf die
persönliche und individuelle Kundenbetreuung. Sein Motto lautet:
Das Menscherlebnis muß vor dem Sacherlebnis stehen. Damit meint

er, daß die Art der Wertschätzung des Kunden, die sich im Verhalten, in der Zuverlässigkeit und freundlichen Behandlung ausdrückt, viel wichtiger ist als das Erlebnis, daß das Auto wunschgemäß repariert oder gewartet ist. Letzteres wird als Selbstverständlichkeit vorausgesetzt. Hierzu zählt auch eine deutliche Verkürzung der Aufenthaltsdauer des Fahrzeuges in der Werkstatt insbesondere bei Bagatellreparaturen.

Herr Bügel vom SMART Zentrum in Essen hob hervor, daß bereits im Konzept der neuen Marke von einem gänzlich anderen Mobiltitätsverständnis ausgegangen werde, als es bisher üblich sei. Dies werde vom Publikum dankbar angenommen. Allein in den ersten Wochen nach Markteinführung seien in den Zentren Essen und Recklinghausen 229 Fahrzeuge (ohne irgendwelche Rabatte) verkauft worden. Das Unternehmen legt Wert auf Transparenz, was bereits in der Architektur der Autohäuser angelegt sei. Der Kunde soll auch das Geschehen in der Werkstatt beobachten können. Des weiteren soll es jeder Kunde nur mit einem Gesprächspartner im Hause zu tun haben, der für ihn und sein Auto zuständig sei.

Zusammenfassend läßt sich festhalten, daß in den Unternehmen verschiedene Strategien der Kundenbindung praktiziert werden. Sie reichen von der individuell-persönlichen Betreuung, über mehr technokratische, computerunterstützte Lösungen bis hin zu dem Anspruch eines gänzlich neuen Verständnis von Autohaus, das von Transparenz geprägt ist. Innerhalb dieser Konzepte spielt das Angebot von zusätzlichen »Convenience«–Dienstleistungen eine wichtige Rolle.

Prof. Paul Klemmer
Rheinisch-Westfälisches Institut
für Wirtschaftsforschung, Essen

Podiums- und Plenumsdiskussion
(Leitung Prof. Paul Klemmer)

Für Paul Laser, Autohändler aus Oer-Erkenschick, handelt es sich um ein scheinbar kontraproduktives Thema für den Kfz-Handel. Durch Vermietung – so die gängige Meinung – würde der Absatz von Neu- und Gebrauchtfahrzeugen eingeschränkt. Paul Laser verweist auf die Renditen im Handel, die seit Jahren rückläufig seien. Es seien unbedingt Alternativen erforderlich. Warum nicht im Bereich Dienstleistungen, so seine Frage, wenn sich dort bessere Ertragsbedingungen ergäben. Er selbst praktiziert bereits erfolgreich eine Unternehmensstrategie, welche Dienstleistungen am Kunden in den Mittelpunkt stellt.

Herr Behrens aus Kassel beschreibt, wie er in Zusammenarbeit mit den Stadtwerken seiner Stadt und der örtlichen Carsharing-Organisation zusammenarbeite. Er habe sich recht frühzeitig auf diese Kundenwünsche eingestellt und könne auf positive Erfahrungen zurückblicken. Negative Rückwirkungen auf den Neuwagenabsatz gibt es nach seiner Erfahrung nicht.

120

Dr. Gerhard Ernst vom Projektträger Arbeit und Technik sieht tatsächlich im Kfz-Gewerbe einen idealen Anbieter neuer Dienstleistungen, weil hier Fachkompetenz und dezentrale Versorgung gewährleistet seien.

An Prof. Willi Diez richtete sich die Frage nach dem »Neuigkeitscharakter« des Kilometer-Leasings. Ist dieses Konzept wirklich eine Innovation und diese Idee realistisch angesichts der recht komplexen Kooperationserfordernisse, wie sie in der Studie beschrieben wurden? Prof. Diez hebt den Innovationscharakter der Idee hervor und betont, daß der Wille zur Umsetzung bei den Beteiligten entscheidend sei. Man muß offen sein für neue Produkte – gerade im Convenience-Bereich –, für neue Kooperationspartner und neue Kooperationsformen, nur dann könne der Strukturwandel in der Branche gelingen. Vor Jahren wäre es zum Beispiel undenkbar gewesen, daß Tankstellen neben Schmierölen auch frische Brötchen verkaufen würden. Heute haben sich die Tankstellen als Convenience-Stores etabliert und erzielen Preise, von denen das etablierte Nahrungsmittelhandwerk teilweise nur träumen kann. So wie bei den Tankstellen vor einigen Jahren zwinge der Druck gegenwärtig das Kfz-Gewerbe zum Nachdenken über Alternativen. Unter Mitwirkung des Verbandes gibt es eine reelle Chance, die wohnortnahe Kurzzeitmiete in Deutschland zu etablieren. In einer zweiten Diskussionsrunde stand die Frage nach den Hemmnissen bei der Umsetzung des Konzeptes im Mittelpunkt. Die grundsätzlich positive Bewertung des Modells muß noch nicht heißen, daß sie sich in der Praxis bewährt.

Von den Diskussionsteilnehmern wird überwiegend die Meinung vertreten, daß die Hemmnisse überwindbar seien. Freilich käme es unter anderem auch darauf an, wie die Automobilhersteller eine solche Initiative bewerten und unterstützen. Zu diesem Thema kamen aus dem Plenum auch kritische Wortmeldungen:

80 Prozent aller Fahrten mit dem PKW sind dem regional begrenzten Individualverkehr zuzuordnen. Somit – so argumentiert ein Teilnehmer – sei kein internationaler Verbund vonnöten, wie ihn Christian Vonarburg angesprochen habe. Kooperationen sollten auf regionaler Ebene verwirklicht werden. Hier ließe sich auch eine entsprechende »Mobilitätskultur« entwickeln. Hiergegen wurde einge-

wandt, daß ein Nebeneinander unterschiedlicher technischer und konzeptioneller Systeme (je nach lokalen Gegebenheiten) die Probleme der deutschen CarSharing-Bewegung ausmachen und dies nicht weiterverfolgt werden sollte. Schon aus betriebswirtschaftlichen Gründen wäre eine gemeinsame überregionale Plattform notwendig, um ein solches System mit modernster Technik betreiben zu können.

Ein Diskussionsteilnehmer äußert sein Unbehagen über den Begriff »Kilometer-Leasing«. Tatsächlich handelt es sich dabei um einen »Arbeitsbegriff«, der bei Umsetzung der Kooperationsidee sicherlich noch überprüft und ggf. verändert werde.

Über die Probleme des Autovermietens berichtete auch Herr Lassak von der Firma MOHAG, an dessen Unternehmen die Firma SIXT mehrheitlich beteiligt ist. Bereits jetzt würden die Autovermieter ihren Ertrag vornehmlich aus dem Verkauf von den Gebrauchtfahrzeugen ziehen als durch die Vermietung selbst. Es sind auch rechtliche Fragen zu klären.

Damit angesprochen war auch die Frage, ob das Kfz-Gewerbe in Kooperation mit den CarSharern noch genügend Zeit habe, ein solches System aufzubauen, ob die großen Autovermieter hier mit ihrer Finanzkraft nicht (wieder) einfach schneller wären. Hierzu wurde die Einschätzung geäußert, daß es eine Herausforderung für die Branche sei, wie schnell sie zu Kooperationsentscheidungen komme und diese auch umsetzen könne. Die Dezentralität, die vielfältigen Kundenkontakte, die teilweise schon vorhandene Fahrzeugflotte, die Wartungs- und Servicekapazitäten – all dies seien Vorteile, die das Kfz-Gewerbe habe und die es zu nutzen gelte. Klar wurde aber auch, daß dem technischen System eine wichtige Rolle beikommt. Wenn die Autovermieter bereits ein System nach Schweizer Vorbild entwickelt hätten, wäre es schwer, deren Markteintritt abzuwehren und den Markt für das Kfz-Gewerbe und die CarSharer zu sichern.

Dr. Ernst betonte in der Diskussion die beschäftigungs- und umweltpolitischen Potentiale, die mit einem Vorhaben »Autohäuser als Fachmärkte für Mobilität« verbunden seien. Bei allen technischen und konzeptionellen Fragen sollte nicht vergessen werden, daß es um eine Option zur Arbeitsplatzerhaltung bzw. -schaffung sowie um eine umweltverträgliche Form der Pkw-Mobilität gehe.

Von einigen Teilnehmern wurde abschließend die Hoffnung geäußert, man möge sich in 10 Jahren noch einmal an diesem Ort treffen, um Bilanz zu ziehen und zu analysieren, was aus dieser Idee geworden ist.

Die Veranstaltung endet mit einem Schlußwort von Prof. Dr. Schweig, der auf den Wandel des Automobilsektors einging und die Notwendigkeit der Innovation in der Branche hervorhob. Nach der Wachstumsphase durchlebe die Branche jetzt den Verdrängungswettbewerb. In dieser Situation sei die systematische Nutzung der Innovationspotentiale dringend angeraten. Hierbei sei in Rechnung zu stellen, daß sich das Verkehrsverhalten verändere und zudem durch die Telematik auch technische Möglichkeiten der Verkehrssteuerung und des Mobilitätsmanagements möglich werden, an die bis vor kurzen noch keiner so recht zu glauben gewagt habe. Somit seien auch solchen Konzepten reelle Verwirklichungschancen zuzugestehen, die gegenwärtig noch als utopisch bezeichnet würden.

Fazit

Die vom Rheinisch-Westfälischen Institut für Wirtschaftsforschung, Essen und dem Institut für Automobilwirtschaft in Nürtingen (IFA) durchgeführte Untersuchung wurde von allen Teilnehmern der Veranstaltung als wichtiger und innovativer Beitrag zur Belebung der Branchendiskussion gewertet. Mehr noch: es sind durch die bevorstehende Gründung einer Mobilitätsverbundgesellschaft bereits konkrete Schritte zur Umsetzung eingeleitet worden. Man kann bereits jetzt sagen, daß von der Studie und von dem in Gelsenkirchen durchgeführten Workshop Impulse zur Entwicklung neuer Dienstleistungen im Kfz-Gewerbe ausgegangen sind.

4. Workshop
Ökoeffiziente Dienstleistungen der Umweltzentren des Handwerks

veranstaltet vom Zentrum für Energie-, Wasser- und Umwelttechnik der Handwerkskammer Hamburg (ZEWU)
am 23. November 1998 in der Handwerkskammer Hannover

Dipl.-Ing. Dieter Horchler

Präsident der Handwerks-
kammer Hamburg

*Unter seiner Präsidentschaft
entwickelte sich das erste Umweltzentrum des Handwerks,
das Zentrum für Energie-,
Wasser- und Umwelttechnik.
Von Anfang an hat Dieter
Horchler einen eigenen Beitrag
des Handwerks für den
Umweltschutz unterstützt und
auch gegen einzelne kritische
Stimmen aus dem Handwerk
verteidigt. Heute, wo das Handwerk in Deutschland über insgesamt zehn solcher Zentren
verfügt, hat sich diese Strategie
als richtig und notwendig
erwiesen.*

Dieter Horchler

Zur Ökoeffizienz der Umweltzentren des Handwerks

Das Handwerk tritt für Umweltschutz und für Ressourcenschonung ein

Das Handwerk steht zum Umweltschutz und nimmt diese Verpflichtung ernst. Bereits 1985 wurde das erste Umweltzentrum des Handwerks in Hamburg gegründet. Damit zeichnete sich schon früh der Gedanke ab, dass die vielen kleinen Betriebe des Handwerks den Herausforderungen des Umweltschutzes nicht allein begegnen können. Hierzu bedarf es der Unterstützung von Fachleuten, die aber ins Handwerk eingebunden sein müssen und dessen Sprache sprechen.

Heute gibt es zehn Umweltzentren des Handwerks in Deutschland, die sich alle als Dienstleister für die Betriebe verstehen. Diese Tatsache zeigt, daß die Gründung des ZEWU und der hiermit eingeschlagene Weg richtig waren.

Durch den Umweltgipfel in Rio 1992 ist der zu hohe Rohstoff- und Energieverbrauch der industrialisierten Länder des Nordens auf die Agenda gesetzt worden. Wir sind aufgefordert, praktische Vorschläge zur Verminderung der Ressourcenverbräuche zu entwickeln. Das Handwerk stellt sich auch dieser Herausforderung und legt hierzu einen ersten Katalog von ökoeffizienten Dienstleistungen seiner Umweltzentren vor. Damit ist die Richtung aufgezeigt, in die die Entwicklung der nächsten Jahre gehen soll. Die Zukunftsorientierung kann nur lauten, mit knappen Rohstoffen und Energievorräten intelligenter und ressourcenschonender umzugehen. Hierbei können die Umweltzentren Vordenker und Entwickler für die Betriebe sein, die gemeinsam mit ihnen Lösungen erarbeiten.

Die Handwerksbetriebe sind als verarbeitende Betriebe und als Dienstleister für private und gewerbliche Kunden häufig diejenigen, die über Materialien und Stoffe entscheiden. Sie können durch ihre beratende Funktion dem Kunden gegenüber daran mitwirken, wie sich unsere Stoff- und Energiebilanzen in den nächsten Jahren verändern werden. Aber sie können diese Entscheidungen häufig nicht allein treffen, sondern sie sind auf die Zusammenarbeit mit Experten, auch der in den Umweltzentren, angewiesen.

Daher begrüßen wir die Vorlage des ersten Katalogs von ökoeffizienten Dienstleistungen der Umweltzentren. Deren Arbeit wird damit in ein neues Licht gestellt. Es wird ein neues Fenster aufgemacht, das den Blick auf den effizienten Einsatz von Rohstoffen und Energieflüssen richtet. Damit ist eine Richtung angepeilt, die weiter verfolgt werden sollte.

Robert Jukschat

Firma Soleado, Ökologische
Heizsysteme, Kühlanlagen &
Solartechnik im System,
Hamburg

Robert Juckschat

Zur Ökoeffizienz der Umweltzentren des Handwerks

Synergieeffekte durch Kooperation zwischen Unternehmen und Umweltzentren

Unser Betrieb arbeitet seit 1993 auf dem Gebiet der Energieeinsparung und der Solartechnik mit dem Zentrum für Energie-, Wasser- und Umwelttechnik (ZEWU)der Handwerkskammer Hamburg zusammen.

Seitdem haben wir zahlreiche Projekte gemeinsam bearbeitet, die immer zum gegenseitigen Nutzen und mit Gewinn für alle Partner verbunden waren.

Begonnen haben wir zunächst im Bereich der Fortbildung mit meinem Einsatz als Dozent in Lehrgängen des ZEWU. Meine langjährige praktische Erfahrung durch die Erstellung von regenerativen Anlagen mit dem Handwerk bringt den Vorteil, daß der Erfahrungsaustausch und damit die Schulungsinhalte ständig aktualisiert werden.

Von meiner Seite bestand Interesse, die Zentrumsfunktion des ZEWU für das Handwerk zu nutzen, um dadurch die Solartechnik stärker publik zu machen. Ich stellte dem ZEWU mehrere Demonstrationsobjekte zur Verfügung, und das ZEWU errichtete bald darauf ein eigenes Solarzentrum. Beeindruckend ist die Nähe des ZEWU zum Handwerk und die damit verbundene Möglichkeit, Handwerker direkt anzusprechen, um solartechnische Produkte in Theorie und Praxis vorzuführen. Wir arbeiten auch auf anderen Gebieten zusammen wie Gasbrennwertheizung und Regenwassernutzung. Demnächst wird auch Photovoltaik ins Programm aufgenommen.

Das Vorhaben, die ökoeffizienten Dienstleistungen der Umweltzentren des Handwerks gesondert darzustellen, finde ich persönlich sehr gut. Damit wird ein besonders zukunftsfähiger Bereich innerhalb der Umweltzentren des Handwerks herausgestellt. Ich wünsche mir, weiterhin mit dem Handwerk erfolgreich zusammenzuarbeiten, um in der Sache voranzukommen. Die »Sache« besteht darin, vermehrt regenerative Energietechnik einzusetzen, um fossile Energieträger zu schonen und für den Klimaschutz erfolgreich zu sein.

Wolfgang Dürig

Einordnung und Zielsetzung des Kurzprojektes in das Gesamtprojekt »Dienstleistung 2000«

»Dienstleistungen« scheinen der Schlüsselbegriff zur Lösung zahlreicher wirtschaftlicher Fragen zu sein, nicht zuletzt des Beschäftigungsproblems. Grund genug, sich mit diesem Phänomen zu befassen.

Tatsächlich läßt sich empirisch feststellen, daß ein zunehmender Teil der volkswirtschaftlichen Wertschöpfung den Dienstleistungen zuzurechnen ist. Wertschöpfung und Beschäftigung verlagern sich immer weiter in den tertiären Bereich.

Dies entspricht der sogenannten Drei-Sektoren Hypothese, wonach mit dem langfristigen Anstieg des Pro-Kopf-Einkommens eine abwechselnde Dominanz der Anteile an der gesamtwirtschaftlichen Produktion und Beschäftigung vom primären über den sekundären zum tertiären Sektor charakterisiert sei (Colin Clark und Jean Fourastié).

Die Empirie bestätigt diesen Trend zur Tertiarisierung, wie diese beiden Schaubilder belegen. Der Anteil der Beschäftigten im tertiären Bereich hat im Zeitraum 1960 bis 1997 von 38,3 Prozent auf 63,4 Prozent zugenommen.

Für Deutschland wird dennoch behauptet, daß es eine Dienstleistungslücke gäbe. Aus dieser Diagnose leitet sich die Hoffnung ab, über einen Ausbau von Dienstleistungsangeboten die Wettbewerbsfähigkeit der deutschen Volkswirtschaft zu stärken und neue Beschäftigungsfelder zu erschließen. Dies könnte ein wichtiger Beitrag zur Linderung des Arbeitsmarktproblems sein.

Ein zweites wichtiges Problemfeld unserer Zeit ist der Schutz der Umwelt. Hierbei darf nicht allein an umweltgerechte Produkte und

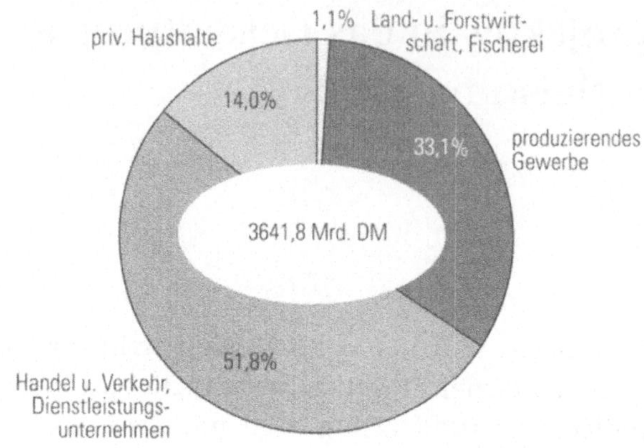

Prozentuale Verteilung erfolgte auf Basis der Bruttowertschöpfung. Quelle: Statistisches Bundesamt

Erwerbstätige im früheren Bundesgebiet nach Wirtschaftssektoren

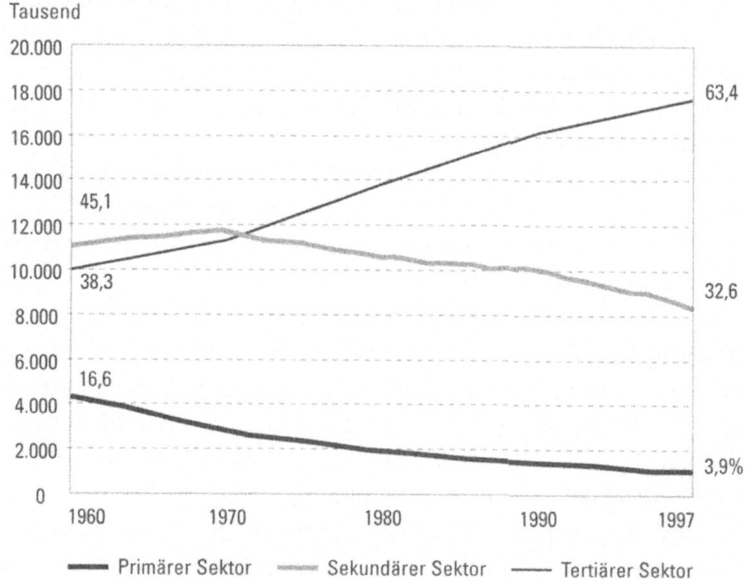

Produktionsverfahren gedacht werden, dem Umweltschutz kann zu einem erheblichen Teil auch über Dienstleistungen gedient werden.

Die Verbindung dieser beiden Politikfelder ist der Hintergrund für eine breit angelegte Initiative des Bundesministeriums für Bildung und Forschung (BMBF).

Mit einem interdisziplinären Verbund an Instituten sollte der Frage nachgegangen werden, ob es nicht Dienstleistungen gibt bzw. ob solche entwickelt werden könnten, die

- marktfähig sind und zugleich auch
- dem Umweltschutz dienen.

In diesem Zusammenhang wurde der Begriff »ökoeffiziente Dienstleistungen« geprägt. Was sind eigentlich »ökoeffiziente Dienstleistungen«?

Ich gebe Ihnen hier sogleich eine Definition, wie wir sie zur Grundlage unserer Arbeit gemacht haben. So nachvollziehbar diese Definition auf dieser relativ abstrakten Ebene auch ist, um so schwieriger ist es, sie bei ganz konkreten Dienstleistungen anzuwenden.

Der Anspruch »Marktgängigkeit« und »höhere Ressourcenproduktivität« wirft eine Vielzahl von Fragen auf.

Welche Art Dienstleistungen entsprechen überhaupt dem Anspruch und wie müssen diese Dienstleistungen angeboten werden, damit sie akzeptiert werden? Gibt es für diese DL überhaupt einen Markt? Eine Fülle von ungeklärten Fragen sind mit diesem Thema verbunden. Es war zunächst viel Kreativität gefragt, überhaupt Dienstleistungen zu identifizieren oder zu generieren, die den geforderten Kriterien entsprachen. In Gesprächen mit den betreffenden Branchen mußten wir über Dinge reden, die es so noch gar nicht gibt. Es handelte sich mithin um denkbare Zukünfte. Entsprechend schwierig war es, Entwicklungspotentiale und Beschäftigungswirkungen zu ermitteln.

In mehreren sogenannten »Prioritäten Erstmaßnahmen« wurden von einer Vielzahl an Instituten diesen Fragen nachgegangen. In einem dieser PEMs haben das RWI gemeinsam mit dem Wuppertal Institut, dem Institut für Zukunftsstudien und Technologiebewertung (Berlin), dem Fraunhofer Institut für chemische Technologie (Pfinztal), dem Fraunhofer Institut für Materialfluß und Logistik

(Dortmund), dem Fraunhofer Institut für Systemtechnik und Innovationsforschung, der IQ Consult (Düsseldorf), dem Ökoinstitut Freiburg und last not least mit der Zukunftswerkstatt sowie dem ZEWU der Handwerkskammer Hamburg sich den Themenbereichen

- Kfz und Mobilität und
- Dienstleistungen in der Wohnungswirtschaft

gewidmet. Das Projekt wurde von Mai 1997 bis Mai 1998 bearbeitet. Die Ergebnisse dieser Forschungen sind inzwischen veröffentlicht. Als Ergänzung zu diesem Projekt hat das Ministerium nun beschlossen, mit Workshops die Branchenkommunikation zur Umsetzung der als ökoeffizient identifizierten Dienstleistungen zu initiieren.

Insgesamt werden 5 Workshops durchgeführt; heute findet hier der vierte in dieser Reihe statt.

Erläuterungen

Der heutige Workshop hat folgende Aufgaben:

1. Bestandsaufnahme der Dienstleistungen und Beratungsangebote der Umweltzentren im Handwerk.
2. Einordnung und Überprüfung hinsichtlich des Kriteriums »Ökoeffizenz«.
3. Beschreibung der Arbeitsweisen der Umweltzentren bei der Hilfeleistung zur Umsetzung »ökoeffizienter Dienstleistungen« im Handwerk.
4. Stärken- und Schwächenanalyse – gibt es Ansatzpunkte zur Verbesserung? Strategiediskussion.

Siegfried Rinke

Stimulierung der Entwicklung innovativer Dienstleistungen im Handwerk

Ausgangsposition

Das Bundesministerium für Bildung und Forschung (BMBF) beabsichtigt im Rahmen des Handlungs- und Förderkonzeptes »Dienstleistungen für das 21. Jahrhundert« die Entwicklung innovativer Dienstleistungen im Handwerk zu fördern.

Gefördert werden soll die Ausarbeitung eines Konzeptes (»Geschäftsplan«), das die Erweiterung des Angebotsspektrums von Handwerksunternehmen um Dienstleistungen zum Gegenstand hat. Diese Dienstleistung muß innovativ sein, d.h. sie muß deutlich über derzeit übliche und mögliche Serviceangebote hinausgehen. Des weiteren soll sie später auch für andere Handwerksunternehmen vorbildlich sein (»Modellösung«). Der zu entwickelnde Geschäftsplan sollte Aussagen über die Chancen und Risiken des neuen Geschäftsfeldes enthalten. Positiv bewertet wird insbesondere die Entwicklung von Modellen gewerkeübergreifender innovativer Dienstleistungen zwischen mehreren Betrieben des Handwerks oder zwischen Handwerks- und anderen Betrieben (Kooperationsverbünde). Neben der Stärkung von Rentabilität und Qualität soll die neue Geschäftsidee auch zu einer Verbesserung qualifizierter Beschäftigung beitragen. Grenzübergreifende, internationale Zusammenarbeit wird ebenfalls positiv bewertet.

Die Maßnahme soll durch das Deutsche Handwerksinstitut (DHI) begleitet werden. Der ZDH, Handwerkskammern und Fachverbände leisten Unterstützung.

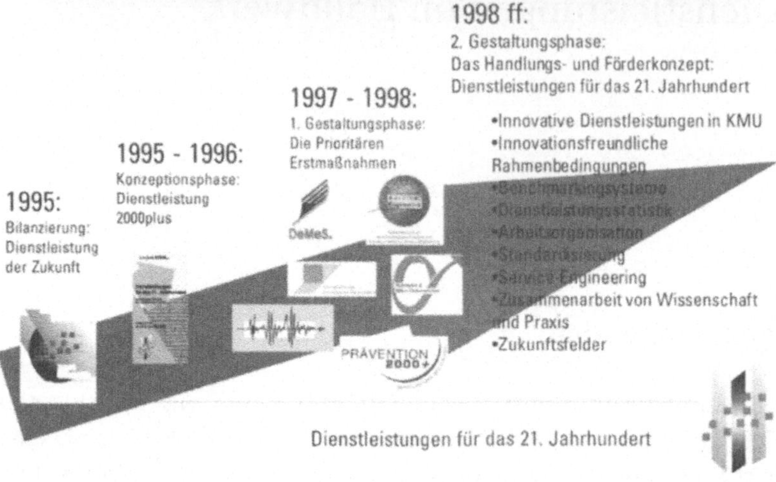

Die Fördermaßnahmen und die erste Umsetzung

- ## Innovative Dienstleistungen in KMU
  - Bekanntmachung: Stimulierung der Entwicklung innovativer Dienstleistungen im Handwerk

- ## Rechtliche Hemmnisse
  - Ausschreibung: Identifizierung rechtlicher Innovationshemmnisse für neue Dienstleistungen

- ## Benchmarkingsysteme für Dienstleistungsmärkte
  - Bekanntmachung: Benchmarking zur Stärkung von Innovation, Wachstum und Beschäftigung im Dienstleistungssektor

Die Fördermaßnahmen und die erste Umsetzung II

- FuE-Vorhaben zur Dienstleistungsstatistik
- Arbeitsorganisation, Management und Tertiarisierung
  - Bekanntmachung: Arbeitsorganisation, Management und Tertiarisierung
- Standardisierung und Normung im Dienstleistungssektor
  - Bekanntmachung: Standardisierung und Qualität im Dienstleistungssektor

Die Fördermaßnahmen und die erste Umsetzung III

- Service - Engineering und Service-Design
  - Bekanntmachung: Service-Engineering und Service-Design
  - Messestand 1999: Service - Design
- Zusammenarbeit Wissenschaft-Dienstleistungswirtschaft
- Neue Arbeitsfelder
  - Freizeit und Tourismus
  - Strategien für Innovation und Beschäftigung im Finanzsektor
  - Öffentliche Dienste

Verfahren

Erwartet werden Ideenskizzen zur Entwicklung innovativer Dienstleistungen von maximal 10 Seiten. Auf der Basis dieser Ideenskizzen werden bis zu 100 Unternehmen ausgewählt. Die ausgewählten
Handwerksunternehmen erhalten eine Festbetragsförderung von je
35.000 DM. Dieser Betrag kann zur Deckung eines Teils der entstehenden Personal- oder Verwaltungskosten oder für die Beratungs-
kosten von bis zu 30.000 DM verwendet werden. Näheres ist in
Punkt 3 der ausführlichen Förderrichtlinien geregelt. Für die Pro-
jektdauer ist etwa ein Jahr vorgesehen. Die Ideenskizzen müssen bis
zum 29. Januar 1999 eingereicht sein. Das Förderverfahren ist stark
vereinfacht und in den Förderrichtlinien beschrieben.

Christoph Koch / Lutz Fischer

Zur Ökoeffizienz von Umweltschutz-Zentren des Handwerks

Was ist Handwerk?

Das Handwerk in Deutschland umfaßt einen Wirtschaftsbereich, der in seiner Darstellung in der Öffentlichkeit häufig unterschätzt wird. Der Grund hierfür liegt auf der Hand: Handwerk macht keine Schlagzeilen mit riesigen Gewinn- oder Verlustsummen, mit bahnbrechenden Erfindungen oder mit Massenentlassungen. Handwerk operiert nicht weltweit und auch nicht an der Börse, ist kein multi(nationaler Konzern) und seine Betriebe sorgen (selten) für Topnachrichten wegen Umweltskandalen.

Dennoch ist das Handwerk in Deutschland der zweitgrößte Wirtschaftsbereich mit ca. 700.000 Unternehmen und mit insgesamt etwa 6,4 Millionen Beschäftigten in 94 verschiedenen Berufen der sogenannten Vollhandwerke und zusätzlich 57 Berufen in handwerksähnlichen Berufen.

Handwerk ist aber mehr, als statistische Daten und Zahlenmaterial ausdrücken können. Es bedeutet überdurchschnittliche Berufsausbildung, Nähe für den Kunden. Handwerksbetriebe umfassen produzierendes und dienstleistendes Gewerbe in kleinen Betriebseinheiten (durchschnittlich 10 Beschäftigte). Handwerkliche Produkte werden nicht für einen anonymen Markt, sondern für einen individuellen Auftraggeber hergestellt.

Handwerk und Umweltschutz

Umweltfragen betreffen das Handwerk wie alle anderen Wirtschaftszweige auch. Und das Handwerk trägt zwangsläufig auch zur Entstehung von Umweltbelastungen bei. Andererseits ist das Handwerk auch selbst von Umweltbelastungen betroffen, denn viele

Handwerker arbeiten in geschlossenen Räumen, gehen direkt mit umwelt- und gesundheitsgefährdenden Stoffen um und sind Lärm, Stäuben und anderen Immissionen ausgesetzt. Daher ist das Handwerk besonders geeignet, selbst zu einem nachhaltigen Umweltschutz beizutragen.

Schon früh hat es sich auch in organisierter Form mit dem Umweltschutz auseinandergesetzt. Dies hat unter anderem zur Einrichtung von bisher zehn Umweltzentren des Handwerks in ganz Deutschland geführt. Sie sind mit dem Auftrag angetreten, den Umweltschutzgedanken in den Handwerksbetrieben zu fördern und zu unterstützen. Da sich die kleinen Betriebseinheiten keine eigenen Stabsabteilungen für Umweltschutzlösungen leisten können, sind sie auch auf Hilfe von außen angewiesen. Diese Funktion übernehmen die Umweltzentren des Handwerks, die bei den Handwerkskammern in Düsseldorf, Freiburg/Breisgau, Hamburg, Hannover, Koblenz, Leipzig, Münster, Saarbrücken, Trier und in Thüringen eingerichtet sind.

Die Umweltzentren des Handwerks und ihre Leistungen

Die einzelnen Umweltzentren des Handwerks sind aus unterschiedlichen Anlässen und zu verschieden Zeiten entstanden und eingerichtet worden. Es würde hier zu weit führen, dies im einzelnen nachzuzeichnen. Daher sollen hier nur einige Eckdaten angegeben werden.

Die Umweltzentren in Hamburg und in Oberhausen (Handwerkskammer Düsseldorf) waren die ersten ihrer Art in Deutschland und wurden von den Handwerkskammern in Eigenregie, das heißt ohne Fördermittel von Dritten, gegründet. Alle anderen Umweltzentren wurden mit einer zeitlich befristeten Anschubfinanzierung der Deutschen Bundesstiftung Umwelt bei ihrer Gründung ausgestattet. Da diese Förderung ausläuft, müssen alle Zentren sich wirtschaftlich selbst tragen und sind somit darauf angewiesen, ihre Kosten zu erwirtschaften und ihre Leistungen am Markt so zu plazieren, damit sie gegenüber anderen Instituten konkurrenzfähig bleiben.

V. l. n. r.: Wolfgang Dürig, Christoph Koch, Siegfried Rinke, Lutz Fischer

Alle Umweltzentren des Handwerks sind mit dem Anspruch angetreten, als Entwicklungs- und Dienstleistungszentren für kleine und mittlere Unternehmen im Umweltschutz, Arbeits- und Gesundheitsschutz zu fungieren. Damit wird Existenz- und Zukunftssicherung sowie Erschließung neuer und Sicherung bewährter Märkte betrieben. Die Anforderungen des Umweltschutzes an die Betriebe werden dabei nicht als lästige Auflagen angesehen, sondern als Herausforderung. Wesentliches Ziel dabei ist, die Betriebe zur aktiven Ausgestaltung zu führen und integrierte, ganzheitliche Lösungen zu finden.

Die gesetzlichen Rahmenbedingungen und die übrigen Umweltschutz-Vorschriften und Anforderungen werden in aller Regel vor dem Hintergrund von Großunternehmen der Industrie formuliert. Diese zeichnen sich durch eine Funktionalisierung und durch eine organisatorische Differenzierung aus, die es zuläßt, Spezialisten für einzelne Aufgaben einzusetzen und auszubilden. Ganz anders stellt sich die Situation in kleinen und mittleren Unternehmen (KMU) dar. Hier ist der Unternehmer als Multitalent gefordert, der die Anforderungen der Leitungstätigkeit mit allen anderen Führungsaufgaben häufig in einer Person vereint. Die Grenzen des Machbaren sind in KMU schnell erreicht. Dabei darf nicht vergessen werden, dass das erste und wichtigste Unternehmensziel immer die Behauptung am Markt und das Überleben in einer konkurrierenden Wirtschaft ist. Bei Tausenden von landes-, bundes- und europäischen Rechtsvorschriften im Umweltschutz sind kleine und mittlere Unternehmen hoffnungslos im Hintertreffen und latent der Gefahr ausgesetzt, Umweltvorschriften aus Unkenntnis zu verletzen. Sie sind schon aus Gründen der Rechtssicherheit auf Hilfe von außen angewiesen.

So ist denn auch das Dienstleistungsspektrum der Umweltzentren des Handwerks eindeutig auf die Handwerksbetriebe und ihre Probleme ausgerichtet. Umweltzentren ersinnen gemeinsam mit den Handwerksbetrieben Lösungskonzepte, übernehmen Prüfdienste, Beratung und Fortbildung, vertreten das Handwerk gegenüber dem Gesetzgeber und den überwachenden und kontrollierenden Behörden und Ministerien.

Was heißt Ökoeffizienz in Verbindung mit den Handwerksbetrieben?

Der Begriff der Ökoeffizienz ist eher in der wissenschaftlichen Diskussion in der Folge der Rio-Konferenz geprägt worden, als dass er im Handwerk oder im Konsumbereich gebräuchlich wäre. Wir meinen mit Ökoeffizienz in diesem Zusammenhang einen möglichst geringen Verbrauch von Rohstoffen und Energie und damit eine Verminderung von Umweltbelastungen bezogen auf einen gleichbleibenden Nutzen. Wenn wir von ökoeffizienten Dienstleistungen sprechen, geht es darum, produkt- und dienstleistungsbezogen eine optimale Verfügungsstruktur für den Verbraucher zu ermitteln, um Material- und Energieverbräuche zu verringern, bei gleichzeitig konstantem oder sogar verbessertem Serviceniveau. Dabei können ökoeffiziente Dienstleistungen produktorientiert, nutzungsorientiert und ergebnisorientiert sein.

Bei den produktorientierten ökoeffizienten Dienstleistungen handelt es sich um solche, die vom Hersteller zusätzlich zum Produkt angeboten werden, wobei das Produkt vom Nutzer erworben ist. Beispiel: Hersteller oder Händler bieten eine Anwendungsberatung an, um das Produkt optimal zu nutzen, die Reparaturanfälligkeit zu verringern und insgesamt den Einsatz des Produktes zu verbessern. Gleichfalls können Wartungs- und Entsorgungsdienstleistungen die Lebensdauer von Produkten verlängern und die Rückführung von Produkten vereinfachen.

Die nutzungsorientierten ökoeffizienten Dienstleistungen zielen nicht auf die Sachleistung oder das Produkt ab, sondern auf den dadurch vermittelten Nutzen. Der Verbraucher erhält ein zeitlich oder sachlich beschränktes Nutzungs- und Ausschlussrecht am Produkt, während die übrigen Verfügungsrechte beim Anbieter verbleiben.

Beispiel: Leasing, das bedeutet eine zeitlich festgelegte Nutzung des Produktes durch den Verbraucher (oder Nutzer). Die Sache selbst bleibt Eigentum des Anbieters. Beim anderen Beispiel Sharing teilen sich mehrere Nutzer die Nutzung eines Produktes. Dies findet in gewerblicher Form bei Car-Sharing, also gemeinsamer Nutzung eines Autos statt.

Die ergebnisorientierten ökoeffizienten Dienstleistungen vermitteln zwischen bestimmten Bedürfnisfeldern und Alternativen, um ein gewünschtes Ergebnis zu erhalten. Die Verfügungs- und auch die Eigentumsrechte liegen bei diesen Formen ökoeffizienter Dienstleistungen fast vollständig bei den Anbietern.

Beispiel: Gebäudemanagement; hierbei arbeiten mehrere Handwerksbetriebe (Elektriker, Heizungs- und Sanitärbetriebe, Gebäudereinigung und andere) unter der Leitung einer Dachgesellschaft zusammen und warten, überwachen und reparieren einen Gebäudekomplex. Dem Nachfrager wird das Ergebnis »funktionierender Gebäudekomplex« verkauft, ohne daß dieser sich im einzelnen um die handwerkliche Dienstleistung kümmern muß.

Die ökoeffizienten Dienstleistungen der Umweltzentren des Handwerks im einzelnen

Dienstleistungen im allgemeinen sind Leistungen, die sich nicht auf die Herstellung von Produkten beziehen, sondern die mit Hilfe, Beratung, Organisation zu tun haben. Dienstleistungen können auch von Maschinen oder Automaten erbracht werden wie von Schuhputzmaschinen oder Geldwechslern. Die meisten Produkte werden gekauft, weil wir eine Dienstleistung von ihnen erwarten. Der Kühlschrank soll unsere Lebensmittel frisch halten. Elektrischen Strom brauchen wir nicht eigentlich, sondern die Möglichkeit, abends Licht zu machen oder Geräte zu betreiben.

Umweltzentren des Handwerks stellen in aller Regel keine Produkte her, sondern bieten den Handwerksbetrieben Hilfestellung, Beratung, Fortbildung, Expertenstatus und anderes an, um die Betriebe qualifiziert in einem Teilbereich zu entlasten. Dabei bewegen sich diese Dienstleistungen im Bereich des Umweltschutzes und beziehen sich häufig auf rechtliche und technische Details.

Vor einiger Zeit wurde vom zuständigen Bundesministerium ein Forschungs- und Förderungsprogramm mit dem Titel »Dienstleistung 2000« gestartet. Ziel war es, die einzelnen Wirtschaftsbereiche systematisch darauf abzuklopfen, wo Potentiale für neue und ökoeffiziente Dienstleistungen liegen können. An dieser Fragestellung hat sich auch das Handwerk beteiligt, und in den Bereichen Kfz und Wohnen nach ökoeffizienten Dienstleistungen gesucht.

Aus diesem Ansatz heraus ist die Überlegung entstanden, das Kriterium der Ökoeffizienz auch auf die Dienstleistungen der Umweltzentren des Handwerks anzuwenden.

Aus den vorstehenden Bemerkungen ergibt sich, daß nicht alle Dienstleistungen und Angebote der Umweltzentren des Handwerks, die sich auf die Verbesserung des Umweltschutzes beziehen, auch unter die Überschrift Ökoeffizienz passen. Entscheidend für uns war, dass den ökoeffizienten Dienstleistungen ein hohes Potential an Zukunftsfähigkeit beigemessen wird. Sie dienen somit als Kriterium oder Anhaltspunkt dafür, in welche Richtung die Umweltzentren des Handwerks ihre Dienstleistungspalette entwickelt haben und weiterentwickeln können.

Zielsetzung dieses Kurzprojektes ist es, eine Zusammenstellung der ökoeffizienten Dienstleistungen vorzulegen. Dabei soll schwerpunktmäßig der Frage nachgegangen werden, in welchem Maße die Umweltzentren mehr oder weniger ökoeffiziente Dienstleistungen anbieten. Ein Vergleich der Umweltzentren untereinander war dabei nicht beabsichtigt.

Tabelle der »ökoeffizienten« Dienstleitungen der Umweltzentren des Handwerks

Themen-schwerpunkte	Dienstleistungen	Ökoeffizienz	UZ
Ökologisches Bauen, Altbausanierung	Lehrgänge zu energiesparender Sanierung und Niedrigenergiebauweise	Ressourcen- und Kosteneinsparung	D, G, J, A, H, B, E
	Winddichtigkeitsmessung	Aufdecken von Energieverlusten führt zu Energieeinsparung	F, C, G, H, B, E
	Öko-Bau-Börse	Vermittlung von Handwerksbetrieben mit Spezialkenntnissen im ökologischen Bauen	A
Energieberatung	Nutzung regenerativer Energiequellen; z.B. Solarhäuser	Ressourceneinsparung durch nachhaltiges Wirtschaften	D, G, J, A, H, B, E
	Wirtschaftlichkeitsbetrachtungen alternativer Energiequellen	Ressouceneinsparung	F, C, D, G, J, H, B, E
	Gebäudeenergieberater	Energieeinsparung, Kosteneinsparung	F, I, D, G, J, A, H, B, E
	Energie-Controling	Minimierung von Kosten und Ressourceneinsatz	F, G, H, B
Abfallvermeidung, Entsorgungsgemeinschaften	Optimierung von Abfallkreisläufen	Kreislaufwirtschaft führt zur Abfallvermeidung, Abfallverminderung und kontrollierter Verwertung/ Entsorgung	F, I, D, G, J, A, H, B

Themen-schwerpunkte	Dienstleistungen	Ökoeffizienz	UZ
Forschung und Entwicklung	Studien über nachhaltiges Wirtschaften	Sensibilisierung, Anschub von Innovationen	F, C, I, J, H, B
	Einsatz von innovativen Techniken (z.B. sub-terra Kläranlagen, Tunnel- und Kfz-Hallen, Abluftreinigung),Regenwassernutzungsanlagen	Kostenreduzierung, naturbelassene Verfahren ohne Einsatz von Chemie und mit nur minimalem Maschinenpark	F, C, G, J, H
Analysetätigkeiten	Analyselabor, Bestimmung von handwerksspezifischen Faktoren in der Umwelt und in der Arbeitssicherheit im Rahmen der betrieblichen Eigenkontrolle (Lärm, Abwasser-Parameter, Belastung der Luft, Boden und Altlasten, Klimafaktoren am Arbeitsplatz), Probenahme vor Ort und Übergabe der Probe an anerkannte Institute, Vermittlung von Gutachten (Boden, Wasser, Luft, Lärm)	Verbesserung der Emissionsquantität/-qualität durch regelmäßige Proben mit Auswertung	F, C, G, J, H, E
Arbeit und Gesundheit	Gewerke – branchenspezifische Problemlösungen	Förderung von Innovationen durch Unterstützung bei Pilotprojekten	F, C, I D, G, J, A, H, B, E
	Beteiligung an Agenda 21-Aktivitäten	Unterstützung von Projekten mit dem Schwerpunkt der Nachhaltigkeit	C, I, D, G, J, H, B, E
	Umweltberatungsprogramm und Umweltsiegel	Sensibilisierung und Aufklärung im Umweltbereich	F, C, G, J, A, H, B, E
	EDV-Netzwerk, Informationstechnologien, Beratungsangebote und Broschüren zur Energieeinsparung in KMU, Leitfädenerstellung im Bereich Abfallvermeidung und Erstellung von Abfallwirtschaftskonzepten	Multiplikatorfunktion für weitere Verbreitung von zukunftsfähigen Dienstleistungen, Ressourceneinsparung, Kreislaufwirtschaft	I, G, J, A B, E
Beratung/Projekte (weitere)	Demonstrationsvorhaben (z.B. Bio-Solarhaus, Lehmbau, Solarbildungszentrum, Energieagentur)	Sensibilisierung und Information für Handwerk und Öffentlichkeit	F, I, G, J, B, E

Themen-schwerpunkte	Dienstleistungen	Ökoeffizienz	UZ
	Kooperationen auf verschiedenen Ebenen (EU, Bund, Land, Gemeinde)	Erfahrungsaustausch führt zu Kostenminimierung durch eingesparte Ressourcen und Effizienzsteigerung	F, I, D, G, J, A, H, B, E
	Ausstellungen, Messen, Öffentlichkeitsarbeit, Presseveröffentlichungen, Verbrauchertips, Umwelt-Info-online. Neue Medien (CD-ROM, Viedeo, etc.) Informationsveranstaltungen und Fachtagungen	Sensibilisierung von Handwerksbetrieben und der Öffentlichkeit, Unterstützung bei der Suche nach ökologischen und ökonomisch vertretbaren Lösungen	F, C, D, G, J, A, H, B, E
Fort- und Weiterbildung	Kundendienstmonteur, Energieberater im SHK-Handwerk	unmittelbar ökoeffizient durch die Aufdeckung von Einsparpotentialen, nachhaltig, da Reparatur anstelle von Neukauf durchgeführt wird	C, G, A
	Integrierte Beratungs- und Schulungskonzepte für das Kfz-Handwerk	Kenntnisvermittlung über umweltschutzbezogene Ausübung von Handwerks-Leistungen	A
	Betriebsbeauftragte, Umweltschutzreferenten, Umweltschutzfachwirt Umweltschutzberater	Anwenden des erlernten Wissens im Betrieb um Energie, Material und Kosten einzusparen. Konzeption eines nachhaltigen Betriebes.	C, I, D, G J, A, H, E, B
	Fachkraft für ökologische Altbausanierung	Bestandserhaltung, minimierter Ressourcenverbrauch, zukunftsfähige Lösungen	F, G
	Umwelt-Auditor Umweltmanagement	Kenntnisvermittlung mit Schwerpunkt eines nachhaltigen, unter ständiger Qualitätsverbesserung stehenden Umweltschutzes	F, C, I, D, G, J, A, H, B, E
	Fachkraft für umweltschonende Energietechnik, Schulung zum Einbau von Photovoltaik und Solarthermie	allgemeine Ressourcenschonung	G, A

Tabelle der Umweltzentren (UZ)

Nr.	Name:
A	Zentrum für Umwelt und Energie der Handwerkskammmer Düsseldorf
B	Umweltzentrum für Handwerk und Mittelstand e.V., Freiburg
C	ZEWU Zentrum für Energie-, Wasser- und Umwelttechnik, Hamburg
D	Zentrum für Umweltschutz der Handwerkskammer Hannover
E	Zentrum für Umwelt und Arbeitssicherheit der Handwerkskammer Koblenz
F	Umweltzentrum Trebsen der Handwerkskammer zu Leipzig
G	Institut für Umweltschutz der Handwerkskammer Münster
H	Saar-Lor-Lux Umweltzentrum des Handwerks Saarbrücken
I	Saar-Lor-Lux Umweltzentrum des Handwerks Trier
J	Umweltzentrum des Handwerks Thüringen

Ausblick

Die Diskussion um die Nachhaltigkeit und um zukunftsfähige Entwicklungen wird uns in der »reichen Welt« in den nächsten Jahren noch stärker beschäftigen, als es heute absehbar ist. Der Trend steigender Ressourcenverbräuche in den reichen Ländern muß bei möglichst konstantem Wohlstand umgekehrt werden. Das derzeitige Wohlstandsniveau, geschaffen durch die Verfügbarkeit über Produkte und Dienstleistungen, soll mit wesentlich geringerem Einsatz an Material, Energie und Fläche erreicht werden – und das auch noch kosteneffizient. Hierzu werden riesige Anstrengungen erforderlich sein, von denen sich das Handwerk nicht abkoppeln kann und will. Gerade das Handwerk als wesentlicher Träger von Dienstleistungen ist gefordert und gefragt, wenn es darum geht, Ressourcenverbräuche zu mindern und intelligente Lösungen zu entwickeln.

Die Umweltzentren des Handwerks können hierbei Anstöße geben und gemeinsam mit den Handwerksbetrieben Lösungen skizzieren und entwickeln. »Sharing, Pooling, Leasing, Anwendungsberatung, Wartungs- und Entsorgungsdienstleistungen, Least-Cost-Planning, Facility-Management-Konzepte sind nur einige der denkbaren Formen von Dienstleistungen, die ökoeffizient ausgestaltet werden können. Dabei sind ökoeffiziente Dienstleistungskonzepte von ihrer Zieldefiniton her für eine optimale Umsetzung auf dezentrale Organisationsstrukturen angewiesen. Dies bedeutet, dass ganz andere Akteursgruppen am wirtschaftlichen Strukturwandel beteiligt sein müssen als dies bisher der Fall ist; nicht zuletzt auch Kleinstunternehmen, Handwerksunternehmen, intermediäre Organisationen etc.« (aus: BMBF-Verbundprojekt «Ökoeffiziente Dienstleistungen als strategischer Wettbewerbsfaktor zur Entwicklung einer nachhaltigen Wirtschaft«, Wuppertal Institut, 1998, S. 13).

Lutz Fischer

Darstellung der Ergebnisse des Projekts: Umweltzentren des Handwerks als Kompetenzzentren für Ökoeffizienz

Hintergrund und Projektentstehung
Das ZEWU und die Zukunftswerkstatt der Handwerkskammer Hamburg hatten sich im Rahmen der Prioritäten Erstmaßnahme PEM »Ökoeffiziente Dienstleistungen als strategischer Wettbewerbsfaktor« – Teilprojekte: »Neue Dienstleistungen im Kfz-Gewerbe« und im Bereich »Wohnen« beteiligt. Aus diesem Zusammenhang heraus entstand das Kurzprojekt »Ökoeffiziente Dienstleistungen der Umweltzentren des Handwerks«.

Umweltzentren des Handwerks
Die mittlerweile zehn Umweltzentren des Handwerks haben den Auftrag, für die meist kleinen Handwerksunternehmen alle Dienstleistungen zu erbringen, die mit dem Umweltschutz zu tun haben. Diese Aufgaben waren im ZEWU in vier Bereiche grob gegliedert:

1. Prüf- und Analysedienste
2. Arbeit und Gesundheit
3. Umweltchutz-Fortbildung
4. Forschung und Entwicklung

und quer zu diesen Bereichen Beratung und Recherchen.

Bereits aus dieser Aufstellung wird deutlich, daß die Umweltzentren des Handwerks als Dienstleister meist nur mittelbar in Richtung Ökoeffizienz wirken können. Die ökoeffizienten direkten Wirkungen im Sinne von z.B. Einsparungen, weniger Luftverschmutzung oder geringerem Materialeinsatz werden von den ausführenden Handwerkern selbst erbracht. Und bei dieser mittelbaren ökoeffizienten Dienstleistungsfunktion muß weiterhin berücksichtigt werden, daß dem Umweltzentrum kaum eine Kontrolle darüber möglich ist, ob und wie weit die Ökoeffizienz tatsächlich erreicht wird.

Ökoeffizienz als Begriff
Wir wollen hier noch einmal den Begriff der Ökoeffizienz beleuchten, so wie wir ihn in unserer Untersuchung verwendet haben. Mit diesem Begriff wird bisher eher in der wissenschaftlichen Diskussion gearbeitet. Die Umweltzentren des Handwerks verwenden ihn bisher nicht. Wir sprechen von Ökoeffizienz, wenn damit ein möglichst geringer Verbrauch von Rohstoffen und Energie bei einem gleichbleibenden Nutzen für den Konsumenten erreicht wird. Damit einher geht eine Verringerung von Umweltbelastungen im Hinblick auf geringere Abwasser- und Abluftbelastung, Verminderung von Abfallströmen und Energieeinsparung. Im Zusammenhang mit den Umweltzentren des Handwerks weisen wir darauf hin, daß diese mit ihren Dienstleistungen schon in Richtung Ökoeffizienz arbeiten und gearbeitet haben, bevor dieser Begriff in die Diskussion gekommen ist.

Wir haben den Begriff Ökoeffizienz in drei Bereiche differenziert. Dies sind die produktorientierten, die nutzungsorientierten und die ergebnisorientierten ökoeffizienten Dienstleistungen. Näheres findet sich dazu im Abschlußbericht.

Der methodische Ansatz zur Ermittlung der ökoeffizienten Dienstleistungen der Umweltzentren des Handwerks
Bei der Erarbeitung unserer Ergebnisse im Rahmen des Kurzprojekts sind wir zunächst methodisch davon ausgegangen, eine Gesamterhebung aller Dienstleistungen aller Umweltzentren vorzunehmen. Dies sollte in Form einer Bereisung und einer persönlichen Bestandsaufnahme erfolgen. Hierzu wurde ein Raster der möglichen Dienstleistungen entwickelt und davon ausgegangen, daß sich damit die Leistungsperspektive der Umweltzentren abbilden und darstellen lassen.

Aufgrund der knappen Mittel in bezug auf Zeit und Geld mußte dieses Verfahren jedoch verworfen werden. Den Autoren lagen die regelmäßigen Berichte der Zentren an die DBU vor. Auf dieser Basis wurden mit der Methode der Sekundäranalyse die Leistungen der Zentren erfaßt. Dieses Verfahren ließ sich bei acht Zentren anwenden. Bei den beiden Zentren in Oberhausen und Hamburg wurde die Ermittlung der ökoeffizienten Dienstleistungen aufgrund der Prospekte und der Dienstleistungskataloge, also mit der Methode Dokumentanalyse vorgenommen.

Beim ZEWU als dem ältesten Zentrum stellte sich uns die Schwierigkeit – die sich bei einer zukünftigen Auswertung bei den anderen Zentren auch ergeben wird –, daß in der Vergangenheit eine Reihe von Leistungen in Form von Projekten angeboten wurden, die aktuell auf keine Nachfrage mehr stößt (Beispiel: Wasserspar-Armaturen). Diese Dienstleistungen sind dann in der Übersicht nicht mehr aufgeführt, weil sie aktuell nicht mehr angeboten werden. Sie sind aber, initiiert durch das Umweltzentrum, zum Teil in die Standardangebote der Handwerksbetriebe eingegangen. Daraus ergibt sich der Hinweis, daß eine Auswertung wie die vorliegende immer auch die zeitliche Dimension zu beachten hat. Zweitens weisen wir vorsorglich darauf hin, daß bei aller gebotenen Sorgfalt nicht auszuschließen ist, daß uns ökoeffiziente Dienstleistungen verborgen geblieben sind, die die Zentren sehr wohl erbringen.

Gliederung der ökoeffizienten Dienstleistungen
Die Autoren haben sich bemüht, eine Gliederung der ökoeffizienten Dienstleistungen der Umweltzentren des Handwerks nach logischen, praktischen oder anderen Kriterien zu entwickeln. Das vorliegende Ergebnis stellt uns noch nicht zufrieden, und daher wünschen wir uns hierzu eine kritische Diskussion. Überlegen Sie bitte mit uns gemeinsam, wie wir das Leistungsspektrum noch besser aufbauen und gliedern können.

Workshop
Ökoeffiziente Dienstleistungen

Aussprache zu den Ergebnissen des Kurzprojekts, zusammengefaßt von Eva Wildförster

Dietmar Rokahr sieht die ökoeffizienten Dienstleistungen der Umweltzentren hauptsächlich in den Bereichen Wissens- und Informationsvermittlung, also in Projekten, um Fragen und Probleme intensiver zu betrachten und in Fortbildung und Hilfe für die Betriebe vor Ort.

Dr. Sühnel sieht die Funktion des Umweltzentrums eher als »Generalist im Umweltbereich«, das zu spezifischen Fragen jeweils Honorardozenten als Fachleute engagiert.

Rolf deVries ergänzt die Position von Dietmar Rokahr um den Bereich Arbeits- und Gesundheitsschutz. Er sieht die Umweltzentren selbst als ökoeffizient an und macht dies beispielhaft deutlich am Vorgehen des ZEWU. Dieses hat in Hamburg die *Solarinitiative Nord* ins Lebens gerufen und spricht damit auch Konsumenten direkt an.

Eva Wildförster bekräftigt die Ausführungen von Dietmar Rokahr. Zur Arbeitsweise des Umweltzentrums führt sie ergänzend aus, daß mit Multiplikatoren wie zum Beispiel den Umweltbeauftragten der Innungen kooperiert wird. Das seit 1991 bestehende Umweltzentrum in Oberhausen wird mittlerweile von den Betrieben akzeptiert, was anfangs eher fraglich war. Hier ist ein Umdenken bei vielen Betrieben zu beobachten, die mehr und mehr Umweltschutz als Aufgabe anerkennen.

Ein zweiter Schwerpunkt der Diskussion bezieht sich auf die Ankündigung von Herrn Rinke vom Projektträger DLR zu einem Förderprogramm für das Handwerk. Im dritten Schwerpunkt berichtet Rolf deVries als Vertreter für Robert Juckschat über eine beispielhafte Kooperation zwischen einem Handwerksbetrieb und einem Umweltzentrum.

Mit *Robert Juckschat*, einem selbständigen Handwerksmeister im Bereich Sanitär/Heizung, wurde ein Kooperationsmodell entwickelt. Das ZEWU hatte einen Pavillon als Solarzentrum angemietet, und der Handwerksbetrieb stellte solartechnische Anlagen für Schulungs- und Demonstrationszwecke für das Zentrum zur Verfügung. Auf Nachfrage berichtet Rolf deVries, daß diese Kooperation ohne juristische Verträge eingegangen wurde. Sie basiert auf dem ostfriesischen Landrecht, also einem kräftigen Händedruck und einem gegenseitigen tiefen Blick in die Augen.

Kerstin Reek-Berghäuser berichtet über das Umweltzentrum in Koblenz, das als Niedrigenergiehaus konzipiert wurde. Sie problematisiert die Akzeptanz von Umwelt- und ökoeffizienten Dienstleistungen duch die jüngere Generation. Nach ihrer Ansicht geht der sich aktuell vollziehende Wertewandel nicht gerade in die Richtung eines vermehrten Umweltschutzes.

Dr. Klaus-Dieter Landrath berichtet aus Münster, daß dort ebenfalls eine solartechnische Schulungsanlage aufgebaut wurde. Es sei jedoch nach wie vor schwierig, genügend Betriebe ins Zentrum zu holen.

Frank Hohle berichtet aus Thüringen über eine unterschiedliche Ausgangslage. Die Kooperation mit der Industrie gestalte sich äußerst schwierig, weil nach der Wende kaum noch Industriebetriebe übriggeblieben seien. Insofern fehlten Demonstrationsanlagen.

Eva Wildförster, Leiterin des Gesprächskreises der Umweltzentren des Handwerks, zieht ein Fazit. Die Umweltzentren bieten ökoeffiziente Dienstleistungen an und sehen hierdurch neue Chancen für die Zentren selbst aber auch für die Zusammenarbeit mit den Handwerksbetrieben. Die Ziele seien dabei die Bestandssicherung für die Betriebe, aber auch die Erschließung neuer Märkte, die auch vom Handwerk wahrgenommen werden müßten. Den Umweltzentren kommt hierbei die Aufgabe zu, Marktbeobachter zu sein und neue Themen ins Handwerk hineinzutragen. Marketinginstrumente müssen entwickelt werden, und insgesamt muß das Handwerk fit gemacht werden für neue Anforderungen. Ökoeffizienz muß mit dem Umweltschutz verbunden werden. Aufgaben und Themen sind effektive Beratung, Entwicklung von Management-Systemen, Arbeits- und Gesundheitsschutz, Qualitätssicherung und insgesamt Hilfestellung für die Betriebe. In den nächsten Jahren seien dies Aufgaben genug, die spannende Aktivitäten garantieren.

5. Workshop
Die »andere Rationalisierung« – Arbeit
durch ökoeffiziente Dienstleistungen

Ein Workshop für Unternehmen, Verbände Gewerksachten, Politik und Wissenschaft, veranstaltet vom Wuppertal Institut für Klima, Umwelt, Energie GmbH im Wissenschaftszentruam Nordhrein-Westfalen am 9. März 1999 in Bonn.

**Prof. Dr.
Ernst U. von Weizsäcker**

Präsident des Wuppertal
Instiuts für Klima, Umwelt,
Energie GmbH

*Der bisherige technische Fort-
schritt war im wesentlichen
durch die Erhöhung der
Arbeitsproduktivität definiert.
Was eindeutig etwa hundert
Jahre lang überhaupt nicht
gestiegen ist, ist die Produktivität des Faktors Natur.
Während der ersten hundert
Jahre Industrialisierung ist
etwa der Energieverbrauch
sogar schneller gestiegen als das
Bruttosozialprodukt. Die
Energieproduktivität hat also
abgenommen.*

Ernst U. von Weizsäcker

Die Effizienzrevolution als unternehmerische Chance

Die Effizienzrevolution im Umgang mit den knappen natürlichen Ressourcen ist das neue große Thema der Technologieentwicklung. Zugleich löst die Effizienzrevolution weite Teile des klassischen Umweltschutzes ab. Dieser war teuer und ist folglich durch die Globalisierung geradezu zum Wirtschaftshemmnis degradiert worden. (Man wird selbstverständlich das erreichte Niveau der Schadstoffkontrolle und Abfallbehandlung nicht mutwillig opfern, aber man wird nicht *noch* eine Zehnerpotenz der Sauberkeit als umweltpolitisches Ziel ausrufen.)

Was ist der Grund dafür, daß wir die ökologische Aufgabe neu definieren müssen? Er liegt im wesentlichen darin, daß die ökologische »Nachhaltigkeit«, wie sie überzeugend beim Erdgipfel von Rio de Janeiro gefordert worden ist, mit dem klassischen Umweltschutz gar nicht erreicht werden kann. Sinnbildlich dargelegt wird das durch die Berechnungen von Matthis Wackernagel und William Rees[1], wonach die »ökologischen Fußabdrücke« eines Deutschen zwischen zehn- und zwanzigmal so groß sind wie die eines Chinesen oder Inders. Deutschland ist nach dieser Rechnung viel zu klein, um all unsere Fußabdrücke unterzubringen. China und Indien sind hingegen überraschenderweise nach dieser Meßlatte noch nicht überbevölkert. Allerdings tun sie wirtschaftlich alles, um endlich größere ökologische Fußstapfen zu bekommen. Das nennt man Entwicklung. Bloß, wenn alle 6 Milliarden Menschen so große Fußstapfen haben wie wir heute, dann bräuchten wir drei bis vier Erdbälle, um sie unterzubringen!

Schon heute reicht die Erde eigentlich nicht mehr aus. Sonst würden wir nicht jeden Tag rund zwanzig Tier- oder Pflanzenarten verlieren und sonst müßten wir nicht um den Erhalt eines lebensfreundlichen Klimas auf der Erde bangen. Sonst würden die Weltmeere nicht bedenklich leergefischt sein, und sonst hätten wir keine unerträgliche Verkehrs- und Umweltsituation in allen Ballungsräumen der Dritten Welt. Eine Halbierung des weltweiten Naturverbrauchs ist so ungefähr das mindeste, was man im Sinne der »Nachhaltigen Entwicklung« fordern muß.

Gleichzeitig ist eine Verdoppelung des weltweit zur Verteilung kommenden Wohlstandes das allermindeste, was man realistischerweise erwarten und fairerweise auch fordern muß. Die Lücke zwischen dem ökologisch und dem wirtschaftlich nötigen beträgt mindestens einen Faktor Vier!

Die Antwort auf diese Herausforderung kann in erster Näherung darin gesucht – und gefunden – werden, daß man die Ressourcenproduktivität dramatisch steigert. Das nenne ich die Effizienzrevolution. In einer historischen Phase, wo vier Milliarden Menschen aus Entwicklungsländern dazu ansetzen, den amerikanisch-europäischen Wohlstand zu erreichen, gleichzeitig aber die Ressourcenbasis weltweit abnimmt (trotz intensivierter Erkundungs- und Ausbeutungsanstrengungen), ist eine solche Effizienzsteigerung nahezu unausweichlich. Sie verringert die Größe der ökologischen Fußstapfen entsprechend, aber ohne daß dabei der Wohlstand geopfert werden müßte.

Wenn es eine weltweite Notwendigkeit ist, dann wird es auch geschäftlich bald zwingend, den neuen Trend zu erkennen und in die Investitionsplanung einzubeziehen. Wer die Nase vorn hat, kann Märkte erschließen, die den langsameren verschlossen bleiben. Wenn ein ganzes Land sich auf die Herausforderung einläßt, dann sollte das zugleich gesamtwirtschaftlichen Nutzen einbringen.

Dieser dramatischen Steigerung der Ressourcenproduktivität habe ich den schlagwortartig verkürzten Namen »Faktor Vier«[2] gegeben. Ein Faktor Vier erlaubt *gleichzeitig* eine Verdoppelung des Wohlstands (weltweit) und eine Halbierung des Naturverbrauchs. Als Zeitrahmen können wir ein halbes Jahrhundert ansetzen.

In diesem Buch, das ich mit dem amerikanischen Forscherehepaar Amory und Hunter Lovins gemeinsam geschrieben habe, stellen wir zunächst 50 Beispiele dafür vor, wie man den magischen Faktor Vier erreicht hat oder mit heutiger Technik erreichen kann.

Das fängt mit dem Wohn- und Arbeitshaus des Ehepaars Lovins an, dem Rocky Mountain Institute. Hoch oben in Eis und Schnee, wo andere Häuser gigantische Gas-, Öl- und Stromrechnungen haben, ist das Rocky Mountain Institute ein Netto-Energieerzeuger. Es *braucht* fast keine Energie. Es ist vorzüglich isoliert und bezieht die rund 20 Mitarbeiter mit ihren 37 Grad Körpertemperatur in die Heizungsbilanz systematisch ein. Damit die Luft gut bleibt, grünt drinnen ein tropischer Mini-Urwald, und es gibt eine Wärmeaustausch-Belüftung, bei der die ausströmende verbrauchte Warmluft die hereinkommende kalte Frischluft aufwärmt. Erst wenn draußen grimmige Kälte herrscht, dann erlaubt man sich auch noch einen oder zwei alte Kanonenöfen, die etwas Holz aus dem Garten verbrennen dürfen.

Das Energiesparhaus gibt es auch in Deutschland. In Darmstadt wurde zunächst, im wesentlichen nach Lovins' Erkenntnissen, das »Passivhaus« gebaut, das außer passiver Sonnenenergie kaum Energie von außen braucht, vielleicht noch 10 Prozent der ortsüblichen Heizenergie. Mittlerweile ist die Passivhaustechnologie durch kostengünstige Vorfertigung und kurzen Bauzeiten auch preislich mit Normalbauten konkurrenzfähig.

Ein zentrales Faktor-vier-Beispiel in unserem Buch ist das derzeitige Lieblingsthema von Amory Lovins, das »Hyperauto«. In der deutschen Diskussion klingt es oft so, als sei das technologische Ziel das «Fünfliterauto«, das Auto mit einem Spritverbrauch von 5 Litern pro hundert. Das ist nach Amory Lovins die Diskussion von gestern. In Wirklichkeit geht es an der technologischen Front um ein Auto, welches einen Spritbedarf von anderthalb bis zwei Litern hat. Ein solches Auto wurde von Amory Lovins und seinen Mitarbeitern völlig neu konzipiert. Durch Leichtbauweise und Hybridmotoren kam Amory Lovins auf Konstruktionen, die gut viermal so energieeffizient sind wie die heutige Autoflotte. Die Idee setzt sich, allerdings langsam, bei den Autobauern der Welt durch.

Ein weiteres Faktor-Vier-Beispiel ist die allseits bekannte, aber noch keineswegs überall genutzte Sparlampe. Aber beim Stromverbrauch im Haushalt geht es nicht nur um Lampen. Praktisch alle stromverbrauchenden Haushaltsmaschinen kann man um einen Faktor vier effizienter haben.

Noch weiter geht es mit der Energie- und der Stoffproduktivität, wenn man nicht nur an einzelne Fahrzeuge, Häuser oder Machinen denkt, sondern an die ganze Produktionskette. Den Ausgangspunkt bildet stets die Zufriedenheit des Kunden, des Endnutzers. Wir versuchen, möglichst viel Nutzerzufriedenheit mit möglichst wenig Energie- und Stoffaufwand zu erreichen. Die Langlebigkeit von Produkten, die Energieeffizienz aller Vorprodukte, das Recycling und die elegante elektronische Steuerung des Energieeinsatzes sind Elemente für die Erhöhung der Ressourcenproduktivität.

Auch der Übergang vom Stofftransport zur Elektronik kann die Ressourcenproduktivität gewaltig steigern. Selbst wenn man alle Stoff- und Energieverbräuche, die mit der elektronischen Hardware und ihrer Herstellung verbunden sind, zusammenrechnet, benötigt dennoch ein e-mail weniger als ein Hunderstel der Ressourcen eines zwanzig Gramm schweren Briefes. Analoges gilt von Videokonferenzen als Ersatz für Geschäftsreisen.

Die Faktor-Vier-Entwicklung wird im historischen Kontext einer Neuausrichtung des technischen Fortschritts gleichkommen. Der bisherige technische Fortschritt war im wesentlichen durch die Erhöhung der Arbeitsproduktivität definiert. Sie ist im Laufe der Industriegeschichte um mehr als einen Faktor zwanzig gestiegen! Auch die Kapitalproduktivität hat mit dem technischen Fortschritt zugenommen, aber da ist es etwas schwieriger, eine Zahl anzugeben. Was eindeutig etwa hundert Jahre lang überhaupt nicht gestiegen ist, ist die Produktivität des Faktors Natur. Während der ersten hundert Jahre Industrialisierung ist etwa der Energieverbrauch sogar schneller gestiegen als das Bruttosozialprodukt. Die Energieproduktivität hat also abgenommen.

Gleiches gilt von der Stoffproduktivität. In manchen Entwicklungsländern ist das heute noch der Fall. Bei uns hat die Ressourcenproduktivität seit gut fünfzig Jahren leicht zugenommen, um etwa ein Prozent pro Jahr, seit der Ölkrise von 1973 sogar um etwa 2 Prozent pro Jahr, aber nicht rasch genug, um den Gesamtanstieg des vom deutschen Konsum ausgelösten Energie- und Stoffverbrauchs zum Stillstand zu bringen; denn ein erheblicher Teil dieses Energieverbrauchs ist indirekt. Wenn wir Aluminium aus Rußland oder Norwegen oder Kanada importieren statt es bei uns zu schmelzen, sieht es so aus, als würden wir energiesparsamer, das ist aber eine Täuschung.

Von alleine wird die Neuausrichtung des technischen Fortschritts nicht zustandekommen. Es ist unter den heutigen wirtschaftlichen Rahmenbedingungen meistens schlicht rentabler, ständig Mitarbeiter wegzurationalisieren als Kilowattstunden, Tonnenkilometer oder Quadratmeter Land. Dies liegt großenteils an der Subventionierung von Transporten, Energie- und Landverbrauch und an dem in fast allen Staaten wirksamen politischen Bemühen, die Energiekosten niedrig zu halten.

Damit die Effizienzrevolution breit ingangkommt, muß der Rahmen geändert werden, nicht zuletzt der steuerliche. Die Steuerlast auf der menschlichen Arbeit muß abnehmen, die beim Naturverbrauch zunehmen.

Literatur

1 Wackernagel, Matthis und William Rees. Unsere ökologischen Fußabdrücke. Basel: Birkhäuser.

2 Ernst Ulrich von Weizsäcker, Amory Lovins und Hunter Lovins: Faktor Vier. Doppelter Wohlstand, halbierter Naturverbrauch. München Revid. Aufl. 1997.

Heinz Hess

Hess Naturtextilien GmbH

*Die nachhaltige Idee hinter der
Longlife-Kollektion läßt sich
auf einen kurzen Nenner
zusammenfassen: Kleidung, die
länger attraktiv ist, länger hält
und länger Spaß macht, kann
länger genutzt werden und
spart Ressourcen einer neuen
Herstellung.*

Heinz Hess

Ökoeffizienz als Unternehmensleitbild

Als das Unternehmen Hess Naturtextilien vor 23 Jahren gegründet wurde, war das Ziel, ein kleines Sortiment gesunder Babykleidung aus Naturfasern auf den Markt zu bringen. Der Kreis der Abnehmer war zunächst klein und bestand aus Familien, die auf der Suche nach gesunder Kinderbekleidung waren. Ein vergleichbares Sortiment war damals fast nicht oder nur schwer erhältlich. Das Einsetzen der »Öko-Welle« Anfang der achtziger Jahre sowie das gestiegene Umwelt- und Gesundheitswachstum der Verbraucher schufen die Voraussetzung für den unternehmerischen Erfolg dieses Marketingansatzes. Die Nachfrage nach gesunder Naturkleidung erlaubte es dem Unternehmen, sein Angebot zu erweitern und um Unterwäsche und Erwachsenenbekleidung zu ergänzen. In dieser frühen Phase entstanden auch drei Philosophiepunkte, die die Arbeit des Unternehmens heute noch leiten:

- Natürliche Kleidung, damit der Mensch sich wohl fühlt in seiner Haut.
- Natürliche Kleidung, damit Erde, Luft und Wasser sauber bleiben.
- Natürliche Kleidung, als Ausdruck von Lebensfreude und Persönlichkeit

Als Vertriebsweg bot sich aufgrund des regional großen Einzugsgebietes zunächst der Versand an. Erst 1979 kam ein Ladengeschäft in Bad Homburg hinzu. Bis zum ersten eigenen, selbständig verschickten Katalog, im Jahre 1976 erfolgte die Produktwerbung mit Hilfe von Beilegern, die ein Versandunternehmen aus dem Naturkostbereich mit den eigenen Aussendungen verschickte.

Heute hat sich Hess Naturtextilien zu einem gesunden, mittelständischen Unternehmen entwickelt, mit ca. 320 Beschäftigten und 90 Geschäftspartnern und Lieferanten weltweit. Zweimal jährlich erscheint ein Katalog mit einer neuen Kollektion aus ca. 1000 Artikeln, der an rund 500.000 Interessenten verschickt wird. Die wachsende Nachfrage auch außerhalb der Bundesrepublik führte 1994 zur Gründung einer Niederlassung in der Schweiz und 1996 in Österreich. In den letzten Jahren erlebte das hessische Unternehmen eine stürmische Aufwärtsentwicklung mit Steigerungsraten bis zu 50 Prozent und konnte 1996 konzernweit mit einem Umsatz von 124 Millionen abschließen.

Jüngste Sprosse des Hess Naturtextilien Konzerns sind die hess futur Trade GmbH, gegründet 1996, die sich um die Beschaffung ökologisch produzierter Rohstoffe kümmert und seit Anfang 1998 Hess Naturtextilien Berufsmoden. Im Sortiment sind konsequent natürliche Bekleidungsstücke, vornehmlich für die sogenannten »weißen Berufe«.

Als Anfang der 90er Jahre die Räumlichkeiten im bisherigen Betriebsgebäude in Bad Homburg zu klein wurden, errichtete man 1992 in Butzbach ein neues Versandzentrum. Jährlich verlassen ca. 950.000 Päckchen und Pakete das nach baubiologischen Kriterien konzipierte Gebäude.

Ökologische Qualität = ganzheitliche Qualität

Am Grundsatz, daß nur gesunde Kleidung das Hess Naturtextilien-Logo tragen darf, hat sich bis heute nichts geändert. Gesunde Kleidung, das hieß in den siebziger Jahren, dem Jahrzehnt der Synthetiks und chemischen Bonbonfarben, vor allem Kleidung aus reinen Naturfasern wie Baumwolle und Schurwolle. Diese Rohfasern wuchsen zwar in der Natur, doch in der Regel waren auch sie mit unterschiedlichen, mal mehr oder weniger giftigen Chemikalien behandelt. Schließlich, so verbreitete die Textilbranche mit Blick auf die Konsumenten, seien diese Materialien dann besonders haltbar und leicht zu pflegen. Ein Festhalten an alten und bequemen Gepflogenheiten, dem sich Hess Naturtextilien nicht angeschlossen hat. Gemeinsam mit Klein- und Kleinstlieferanten in Deutschland, der Schweiz und den skandinavischen Ländern gelang es dem Unter-

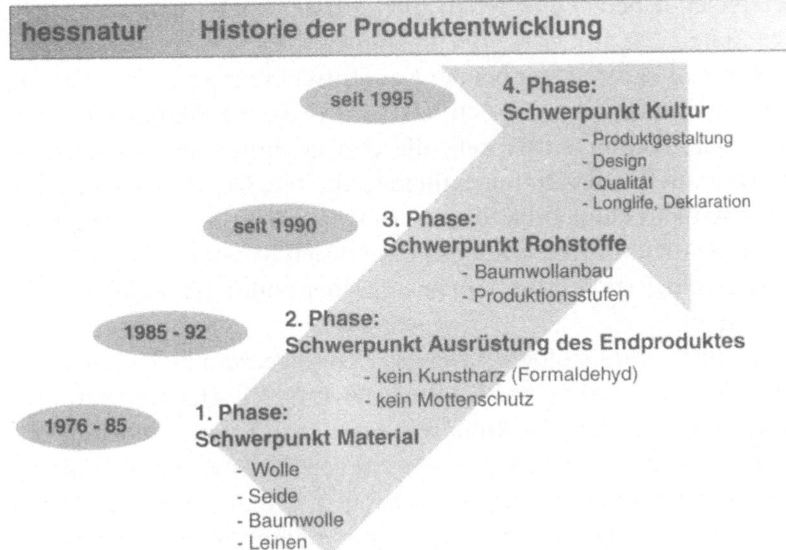

nehmen, umweltschonende, d.h. zumeist mechanische Ausrüstungsverfahren zu entwickeln. Diese Innovationsfreude begründete einerseits ein zufriedenes und in ihren Kaufentscheidungen sensibles Kundenpotential, andererseits erforderte sie hohe Investitionen und Risikobereitschaft sowohl bei Hess Naturtextilien als auch bei den jeweiligen Lieferanten.

Die Frage, wie ökologisch ein Kleidungsstück überhaupt sein kann, ist vielschichtig. Bei Hess Naturtextilien setzte sich sehr früh die Erkenntnis durch, daß es keineswegs ausreicht, die humanökologische und gesundheitliche Unbedenklichkeit des Endproduktes zu garantieren, sondern daß der gesamte Produktionsweg entlang der textilen Kette so umweltschonend und ökologisch wie möglich sein muß. Diese Kette reicht von der Gewinnung der Rohfasern über die Weiterverarbeitung und Ausrüstung bis hin zum fertigen Textil. Zur Sicherstellung dieser ökologischen Rohstoffqualität hat Hess Naturtextilien einige Anbauprojekte für kontrolliert biologische Baumwolle initiiert, z.B. in der Türkei, in Peru und im Senegal. Hierbei spielen neben ökologischen auch soziale Aspekte eine ganz wichtige Rolle.

Um den Verbraucher bei der Kaufentscheidung zu unterstützen, hat das Unternehmen in den letzten drei Jahren ökologische Produkt-Datenblätter entwickelt, die den gesamten Produktionsweg eines Textils für Hess Naturtextilien festhalten. Der Werdegang eines jeden Artikels kann anhand einer Deklaration im Katalog nachvollzogen werden. Darüber hinaus können sich Kunden telefonisch bei einer ökologischen Produktberatung über andere Parameter informieren.

Qualität und Ökologie, zwei ganz enge Verwandte die einander bedingen. So verringert z.B ein Zugewinn von Qualität auf allen Ebenen, vom Anbau der Rohfasern bis hin zur Erfassung der eigentlichen Kundenbedürfnisse, die Anzahl von Fehlern und senkt damit auch Reklamationsrate, Nachbesserungen, Umtausch und die Lagerbestände. Wichtige Ressourcen, die an anderer Stelle besser eingesetzt werden können, werden gespart. Nicht zuletzt tragen Ökologie und Qualität somit auch zu mehr Ökonomie bei.

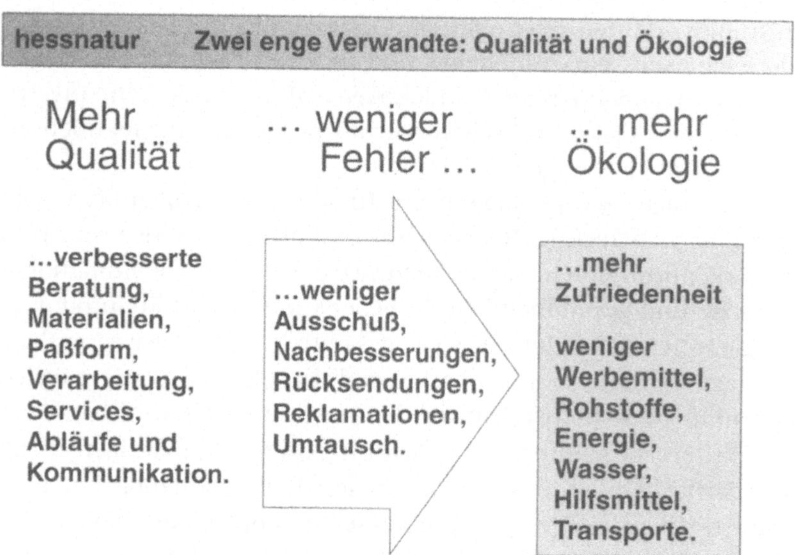

Ein weiterer Grundgedanke ist, daß Ökologie und Ökonomie nicht nur etymologisch miteinander verwandt sind. Das Wirtschaften der Zukunft muß beide Felder sinnvoll, d.h. im maßvollen Einsatz der Güter, verbinden. Ökologie braucht Ökonomie, denn erst eine nennenswerte wirtschaftliche Größe schafft die Basis für die Durchsetzung der Anforderungen bei Lieferanten. Außerdem können eigene Öko-Projekte und Innovationen nur bei wirtschaftlichem Erfolg initiiert und finanziert werden. Darüber steht nicht zuletzt auch die ständige Forderung nach Innovationen, ohne die die Konkurrenzfähigkeit des Unternehmens auf einem immer härter umkämpften Markt nicht mehr gewährleistet werden könnte. Ebenso gilt andersherum, daß eine zeitgemäße Ökonomie auch der Ökologie bedarf. So heißt ökologisches Wirtschaften für Hess Naturtextilien, daß der Umwelt so wenig Ressourcen wie möglich entnommen werden sollen. Auf diese Weise werden Rohstoffe und Entsorgungskosten eingespart.

Nachhaltiges Wirtschaften – Voraussetzung für nachhaltigen Erfolg

Nachhaltiges Wirtschaften bedeutet, den Bedürfnissen der Gegenwart zu entsprechen, ohne zukünftige Generationen in ihrer Fähigkeit zu beeinträchtigen, ihre eigenen Bedürfnisse zu befriedigen. Im Jahre 1987 führte die Brundtland-Kommission diesen, eigentlich aus der Forstwirtschaft stammenden, Begriff (engl. »Sustainable Development«) in den entwicklungspolitischen Wortschatz ein. Auch wenn dieser Terminus nicht einheitlich definiert ist, steht er doch für einen besonders schonenden Umgang mit den nachwachsenden Ressourcen. Die Anwendung dieses Grundsatzes bei Hess Naturtextilien reicht zeitlich zurück bis zum Anfang der achtziger Jahre.

Hess Naturtextilien verwendet für seine Produkte ausschließlich nachwachsende Rohstoffe. Der Anbau bzw. die Gewinnung dieser Rohfasern soll nach ökologischen Regeln erfolgen, vorzugsweise unter kontrolliert biologischen Bedingungen. Für die Stufe des

Anbaus impliziert dies den Verzicht auf chemische Insektizide und Herbizide. Die Düngung des Bodens sollte idealerweise biologisch-dynamisch erfolgen. Auf dem Gebiet der Weiterverarbeitung bedeutet Nachhaltigkeit, daß sämtliche Produktions- und Ausrüstungsprozesse so ökologisch sinnvoll wie möglich erfolgen. Konkret bringt dies einen Verzicht auf chemische bzw. nicht abbaubare Hilfsmittel sowie den sparsamen Umgang mit Energie, Wasser und allen anderen Ressourcen mit sich. Da Hess Naturtextilien selbst keine eigenen Fertigungsbetriebe unterhält sondern sich als Händler direkt an den Endverbraucher wendet, setzt ein Erfolg dieser Bemühungen gute und intensive Zusammenarbeit mit den Vorlieferanten voraus.

Die Longlife-Kollektion von Hess Naturtextilien – ein Schritt zu Faktor 4+

Für die meisten Textilunternehmen ist die Schnellebigkeit der Mode Garant für den wirtschaftlichen Erfolg. Je schneller sich das Mode-Karussell dreht, desto besser für den Umsatz. Von diesem Trend hat sich Hess Naturtextilien allerdings schon früh zu lösen versucht, mal mit mehr, mal mit weniger Erfolg. Analysen des Kundenprofils von Hess Naturtextilien haben ergeben, daß die Träger von Hess Naturtextilien diesen von der Industrie forcierten Wechsel der Moden nicht mitmachen wollen. Sie legen Wert darauf, daß stilistisch langlebigere Kleidung nicht zwangsläufig freudlos oder, dem allgemeinen Klischee vom Öko-Look entsprechend, langweilig sein muß. In den Mittelpunkt der Bemühungen um ökologisch hochwertige Kleidung rückt daher auch die Frage nach einem Design, das sowohl die Verbraucherwünsche befriedigt als auch strengen ökologischen Prinzipien genügt. Aus diesem Grund sollen die Textilien von Hess Naturtextilien nicht nur qualitativ hochwertig sein, damit sie über viele Jahre hinweg getragen werden können. Eine besondere Rolle kommt insbesondere dem Design zu, also der Form, der Farbe, dem Material und der Funktion. Das bislang markanteste Beispiel für die Umsetzung dieses Anspruches bei Hess Naturtextilien ist die sogenannte Longlife-Kollektion. Dieser Bereich des Sortiments umfaßt

mittlerweile über 200 Artikel, die auch über verschiedene Saisons
hinweg vielfältige Kombinationsmöglichkeiten erlauben. Um dem
Verbraucher deutlich zu machen, daß es sich bei Longlife um ein
neues Bekleidungskonzept handelt, gewährt Hess Naturtextilien auf
jeden Artikel innerhalb dieses Produktsegments eine Garantie von
drei Jahren auf Paßform und Haltbarkeit. Damit gehört Hess Naturtextilien zu den ersten Textilanbietern überhaupt, die ihren Kunden
diesen einzigartigen Service einräumen.

Die nachhaltige Idee hinter der Longlife-Kollektion läßt sich auf
einen kurzen Nenner zusammenfassen: Kleidung, die länger attraktiv ist, länger hält und länger Spaß macht, kann länger genutzt werden und spart Ressourcen einer neuen Herstellung. Die Produkte
werden dematerialisiert, eine Neuproduktion kann durch neue
Dienstleistungen rund um Textilien ersetzt werden. Das dies der
richtige Weg ist, zeigt nicht zuletzt die Auszeichnung mit dem Faktor 4+ Preis auf der ersten Faktor 4+ Messe vom 17. bis 21. Juni 1998
in Klagenfurt.

Leitbild Faktor 4 Plus – Ein Weg zur Vision

Hess Naturtextilien hat in der Vergangenheit schon viel erreicht. Um
aber auch in Zukunft weiterhin erfolgreich wirtschaften zu können,
haben wir uns eine Vision und Grundsätze gesetzt, die auf den vier
Säulen – Ökologie, Qualität, Marktauftritt und Gesellschaft – fußen.

Aus diesen Grundsätzen heraus ist bei Hess Naturtextilien das
Faktor 4 Plus-Projekt entstanden, wodurch diese zur Umsetzung
kommen sollen.

- Wir setzen uns dafür ein, daß neben Preis und Qualität das ganz-
heitlich-ökologische Handeln zu einem entscheidenden Kriterium im Wettbewerb wird.
- Wir fördern und betreiben intensiv ökologische Forschungs- und
Entwicklungsarbeit.
- Unsere Arbeit setzt ökologische Maßstäbe am Markt und schärft
damit das Bewußtsein aller Beteiligten.

- Wir sorgen durch ein ganzheitlich orientiertes Controlling für die Ausgewogenheit zwischen ökonomischen und ökologischen Anforderungen.

Aus diesen Grundsätzen heraus ist bei Hess Naturtextilien das Faktor 4 Plus-Projekt entstanden, wodurch diese zur Umsetzung kommen sollen.

Das Faktor 4 Plus-Projekt im Überblick

»Wer losläuft, muß wissen, wo er hin will«

Das Faktor 4 Plus Projekt – »Ressourcenmanagement bei Hess Naturtextilien« versucht neue Wege der umweltgerechten Produktgestaltung und -herstellung in der Textilindustrie aufzuzeigen. Dieses Projekt beschäftigt sich daher mit den zwei Teilprojekten »Ökologisches Design« und »Prozeßsteuerung«. Die Ergebnisse beider Teilprojekte werden dazu dienen, die Hess Naturtextilien Qualitätsrichtlinien,

Das Faktor 4 Plus-Projekt im Überblick

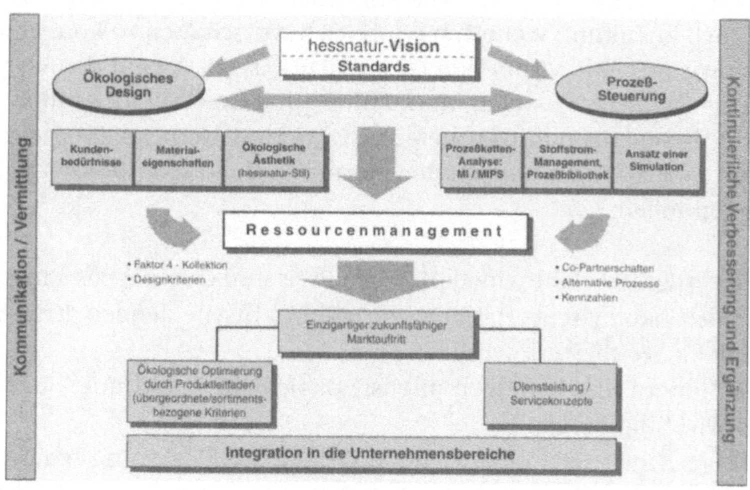

denen alle Produkte unterliegen, weiter zu entwickeln, neue Dienstleistungskonzepte zu erstellen und unsere Produkte durch die Hilfe eines Produktleitfadens ökologisch zu optimieren. Vorstellbar ist, daß daraus eine sogenannte Faktor 4-Kollektion entstehen kann, mit Artikeln, deren ökologischer Rucksack nach dem MIPS-Konzept ermittelt wurde und somit die ökologischen Effekte sich in Kennzahlen ausdrücken ließen.

Gemeinsam mit dem Wuppertal Institut für Klima, Umwelt, Energie GmbH und econcept, einem Kölner Designbüro, wird Hess Naturtextilien dieses Projekt in den nächsten Jahren bearbeiten. Faktor 4plus – ein Projekt das uns ins nächste Jahrtausend und zum nachhaltigen Erfolg führt, denn

»Ökologie macht Spaß und bringt Erfolg«

Christine Ax

Zukunftswerkstatt Handwerkskammer Hamburg

Das Handwerk muß bei der Neukonzeptionierung seiner Dienstleistungen in erster Linie auf kluge Allianzen mit den Service- und Nutzeninteressen der Käufer setzen. Die Chance, daß es in Zukunft gelingen kann, gemeinsam mit Qualitätsproduzenten eine neue und eine kluge, innovationskompatible Kultur der Langlebigkeit zu entwickeln und in Servicekonzepte einzubinden, stehen derzeit nicht schlecht.

Christine Ax

Ökoeffiziente Dienstleistungen:
die doppelte Dividende

Der Begriff der ökoeffizienten Dienstleistungen ist auf das engste verbunden mit der Annahme, daß wir bei der Erzeugung unseres Wohlstandes um den Faktor 4 bis 10 effizienter werden müssen. Den Industrieländern kommt bei der Bewältigung dieser globalen Herausforderung eine wichtige Vorreiterrolle zu. Nur wenn die Industrienationen, die gegenwärtig noch über rund 80 Prozent der Ressourcen verfügen, ihre Hausaufgaben machen, darf die Weltgemeinschaft auf eine globale Umsetzung der Agenda 21 hoffen.

Dabei gehen wir nicht nur davon aus, daß ein solcher ökologischer Strukturwandel unter den Bedingungen einer ökosozialen Marktwirtschaft möglich ist. Wir unterstellen darüber hinaus, daß ein solches Wohlstandsmodell doppelte Dividende ermöglicht: sinkende Kosten für Rohstoffe und Entsorgung bei gleichbleibendem oder unter qualitativen Gesichtspunkten sogar steigendem Wohlstand. Ökoeffizienten Dienstleistungen kommt in diesem Zusammenhang eine besondere Bedeutung zu, läßt sich doch die Dematerialisierung unserer Wohlstandserzeugung auch in den Begriffen einer »Verdienstleistung« unserer Wirtschafts- und Lebensweise beschreiben.

Wurde das Thema Ökologie in der Vergangenheit maßgeblich in den Begriffen des nachsorgenden Umweltschutzes und des Naturschutzes verhandelt, so läßt sich die Steigerung der Ressourcenproduktivität, wie oben bereits kurz angerissen, auch als einen Prozeß der Ver-Dienstleistung beschreiben. Produkte können in solchen nachhaltigeren Szenarien beispielsweise durch Dienstleistungen substituiert bzw. um höherwertige Dienstleistungen ergänzt werden. Solche Produkte hätten einen entsprechend höheren Nutzen im Sinne der Materialintensität pro Serviceeinheit und würden von vornherein so konzipiert, daß sie einen längeren oder intensiveren Gebrauch möglich machen. Auch Strategien des Remanufacturing bzw. Upgrading sowie der Einsatz von Materialien, die eine Weiterverwendung im Sinne der Kreislaufwirtschaft ermöglichen, spielen bei solchen Überlegungen eine wichtige Rolle.

Es ist vor diesem Hintergrund also mehr als sinnvoll, den Versuch zu unternehmen, für und mit den Akteuren einzelner Branchen Szenarien zu entwickeln, wie ein solcher Strukturwandel aussehen könnte und mit innovativen Unternehmen auch heute schon Dienstleistungen und Produkte zu entwickeln, die jeweils ein Teil der Lösung des Problems sein könnten. Es versteht sich von selbst, daß bei dieser Entwicklung der Kunde, seine Bedürfnisse und seine Gewohnheiten Ausgangs- und Endpunkt aller Überlegungen sein muß: von der Produktkonzeption bis zum Service-Design.

Unser Wirtschaftswachstum war bisher im wesentlichen an den steigenden Verbrauch von Energie und Rohstoffen gekoppelt. Eine Entkoppelung dieser beiden Faktoren ist heute denkbar. Wenn wir heute die uns bekannten Strategien der Ökoeffizienz diskutieren, so geht es in der Regel auch nicht darum, die unterschiedlichen Lösungsansätze der Dematerialisierung alternativ zu diskutieren. Wir müssen vielmehr im Sinne von ökologischem Produkt- resp. Service-Design in jedem Einzelfall alle Lösungsansätze, darunter auch konkurrierende, in Erwägung ziehen, um schließlich die optimale Lösung für die jeweiligen Bedürfnisfelder, Produkte und Dienstleistungen zu identifizieren.

Einer der wichtigen Ansatzpunkte für solche Konversionsstrategien ist die Evolution unserer Wirtschaftsweise von der Durchflußwirtschaft hin zu einer Systemerhaltungswirtschaft (vgl. die Arbeiten von Walter Stahel und Willy Bierter, Institut für Produktdauer-Forschung). Die Systemerhaltungswirtschaft oder Service-Ökonomie hat nicht nur den Vorzug ressourceneffizienter zu sein, sie ist auch eine Chance für den Faktor Arbeit – eine Chance dem altindustriellen Dilemma des »Verschwenden müssens – um arbeiten zu dürfen« zu entkommen.

Auf das Handwerk mit seinen über 6 Millionen Beschäftigten bezogen könnte sie bedeuten, daß wesentliche Tätigkeitsfelder und Kernkompetenzen des Handwerks vor allem in den Bereichen Instandhaltung und Modernisierung verstärkt nachgefragt und weiterentwickelt werden könnten. Systematisch betrachtet gehört das institutionalisierte Handwerk nämlich zu den Wirtschaftsakteuren, die die größte Kompetenz und das größte wirtschaftliche Eigeninteresse an dem Erfolg solcher Konzepte haben müßte.

Dabei macht es Sinn, in diesem Zusammenhang einmal den Handwerksbegriff in seinem funktionalen und institutionellen Charakter zu unterscheiden. Handwerkliche Tätigkeiten sind selbstverständlich nicht nur in den institutionell der Handwerksordnung unterworfenen Wirtschaftsunternehmen zu finden. Sie sind gleichermaßen Bestandteil der Arbeitswelt von Industriebetrieben, und wir finden sie natürlich auch in anderen Wirtschaftsunternehmen, die nicht in die Handwerksrolle eingetragen sind.

Angesichts der Tatsache, daß Forschung und Entwicklung, aber auch die Politik ihren Hauptaugenmerk bisher ganz deutlich auf der Produktions- und der Verwertungsthematik hatten, macht es Sinn, in Zukunft auch den Wirtschaftsakteuren und Dienstleitungen mehr Aufmerksamkeit zu schenken, die im Zusammenhang mit einer Nutzenverlängerung bzw. Weiter- und Wiederverwendung eine Rolle spielen. Auch wenn es natürlich immer darum gehen muß, die gesamte Wertschöpfungskette im Auge zu behalten und ganzheitliche, systematische Lösungsansätze zu entwickeln, so bleibt dennoch zu vermuten, daß in diesen Wirtschaftsbereichen unentdeckte Schätze an Beschäftigungs- und Wohlstandspotentialen liegen, die bisher – da unentdeckt – naturgemäß auch nicht geborgen werden konnten.

Für einige Bedürfnisfelder und Marktsegmente können wir inzwischen annähernd abschätzen, in welchen Bereichen das Handwerk als ökoeffizienter Dienstleister schon heute einen wesentlichen Beitrag leistet und in welche Richtung Innovation sinnvollerweise gesteuert werden sollte.

Zum Beispiel: Handwerk als ökoeffizienter Dienstleister im Bereich der Unterhaltungselektronik und der IuK-Technologien

An der Situation des Radio- und Fernsehtechnikerhandwerks läßt sich das heute noch beherrschende Dilemma des Handwerks wunderbar deutlich machen. Seit Jahren befindet sich das Elektrohandwerk im Strukturwandel. Die Radio- und Fernsehtechniker-Werkstätten sind hiervon am stärksten betroffen. Eine Studie über die Zukunft der Radio- und Fernsehtechnikerbetriebe, die im Auftrag des europäischen Fachverbandes für die Niederlande in Auftrag gegeben wurde, geht davon aus, daß die Hälfte bis zwei Drittel aller Unternehmen in den nächsten Jahren wohl werden aufgeben müssen. Immer kürzere Produktlebenszyklen und schnell sinkende Preise (derzeit z.B. für hochwertige Monitore und Notebooks) führen zu sinkenden Handelsspannen, unberechenbaren Märkten und machen die Reparatur für den Konsumenten uninteressanter. Gleichzeitig läßt die schnelle Durchdringung der Haushalte mit modernen IuK-Technologien und die große Zahl der elektronischen Geräte und Helfer ein Vakuum in den Bereichen Beratung, Reparatur, Service aber auch Aufrüstung, Weiter- und Wiederverwendung entstehen.

Die Radio- und Fernsehtechnikerwerkstätten werden in diesem Prozess scheinbar überflüssig. Auch wenn die Novellierung der Handwerksordnung mit dem neuen Beruf des Informationselektronikerhandwerks die tiefgreifenden Veränderungen reflektiert: die Geschwindigkeit des technischen Wandels und die schnelle Veränderung der Märkte führen zu Verwerfungen und stellen die Zukunftsfähigkeit sehr vieler Handwerksbetriebe in Frage. Die starke Position der Produzenten, Großhandels-Betriebsformen wie Mediamärkte und die Lobby der Verwehrter beschränken den wirtschaftlichen Raum für das Handwerk langsam aber stetig. Während die Reparatur schon lange als ein wenig rentables Geschäft in den Hintergrund der Geschäftstätigkeit der meisten Radio- und Fernsehwerkstätten getreten ist, erleben die Radio- und Fernsehtechnikerwerkstätten gegenwärtig, daß ihnen ihr Standbein, der Handel, inzwischen zunehmend wegbricht.

Auch als Partner und als potentieller Verbündeter der Konsumenten hat das Handwerk infolge viel verloren. Die starke Anbindung an den Handel, das geringe wirtschaftliche Interesse an professionellen Reparaturdienstleistungen sowie die geringe Kundenorientierung und Kundenbindung führten in der Vergangenheit dazu, daß das Elektrohandwerk die Wegwerfmentalität der Verbraucher (z.B. mit teuren Kostenvoranschlägen) sogar tendentiell nährte und viel Vertrauen verspielte. Konzeptionelle Überlegungen und erste Versuche der Neupositionierung dieses Handwerks am Markt reflektieren bei genauem Hinsehen alle Aspekte, die mit einem ökologischen Re-Design dieser Wertschöpfungsketten heute und in Zukunft verbunden sind. Dabei fällt allerdings auf, daß die gegenwärtig in der Diskussion befindlichen Umsetzungsstrategien dieser Branche, die infolge des Kreislaufwirtschaftsgesetzes in verschiedenen Arbeitskreisen und europäischen Zusammenhängen vorangetrieben werden, von Produzenten und Verwertern getragen werden. Der Akteur Handwerk, der das größte Interesse an der Nutzungsphase dieser Produkte hat, steht außen vor.

Die wichtigsten Innovationen und Ansatzpunkte für zukunftsfähige Strategien kommen derzeit aus dem Handwerk selber. Unterstützt von der ASWO – einem niedersächsischen Großhandelsunternehmen für Elektro- und Elektronikersatzteile – entstanden und entstehen gegenwärtig Netzwerke, neue Dienstleistungskonzepte und Kooperationswerkzeuge, die vielversprechend sind und in Zusammenarbeit mit dem Handwerk weiterentwickelt werden sollen: von Datenbanken, die die Reparaturwerkstätten unterstützen bis hin zu integrierten betriebswirtschaftlichen Konzepten (Marketing, Kostenrechnung) sowie überregionalen Kooperationsstrukturen und deren Logistik. Daneben werden Aktivitäten von Handwerksbetrieben aufgegriffen und verstärkt, die systematisch in die Verwertung bzw. das Recycling von Produkten (Kühlschränke/PCs) eingestiegen sind. Auch hier zeichnet sich eine notwendige und eine mögliche Professionalisierung ab, die in der Zukunft mit unserer Unterstützung weiterentwickelt und auf eine breitere Grundlage gestellt werden sollte. Dabei muß das Handwerk bei der Neukonzeptionierung seiner Dienstleistungen in erster Linie auf kluge Allianzen mit den Service- und Nutzeninteressen der Käufer setzen. Die Chance, daß es in Zukunft gelingen kann, gemeinsam mit Qualitätsproduzenten eine neue und eine kluge, innovationskompatible Kultur der Langlebigkeit zu entwickeln und in Servicekonzepte einzubinden, stehen derzeit nicht schlecht. Die immer kürzer werdenden Produktlebenszyklen und der Importdruck aus Billiglohnländern führt dazu, daß immer mehr Markenhersteller gezwungen sind, aus dem Markt auszusteigen oder aber neue Wege zu beschreiten.

Daß viele Konsumenten es – zumal im IuK-Bereich – leid sind, heute Produkte zu kaufen, die morgen schon veraltet sind, belegen nicht zuletzt die Werbeprospekte der jüngsten Vergangenheit. Immer mehr Produzenten werben für ihre Geräte mit Argumenten aus den Bereichen Service und Aufrüstgarantien (Toshiba Notebooks, Vobis-PCs). Wir sehen also: die Karawane zieht zwar nur langsam aber doch in die richtige Richtung.

Ökoeffiziente Dienstleistungen im Bereich Bauen und Wohnen

Einer der jüngeren Schlußberichte der Umwelt-Enquetekommission des Deutschen Bundestages befaßte sich vertiefend mit dem Thema des nachhaltigen Wirtschaftens am Beispiel Bauen und Wohnen. Die Zukunft der Baubranche liegt – hier sind die Ergebnisse deutlich – weniger im Bereich Neubau als vielmehr in den Bereichen Instandhaltung, Instandsetzung, Weiter- und Wiederverwendung von Gebäuden, Bauen im Bestand und Nachverdichtung, Wärmedämmung, Energiedienstleistungen und -management.

Die Städte sind im wesentlichen gebaut. Die Zeiten der großen Infrastrukturinvestitionen oder der großzügigen Ausweisung von Neubaugebieten sind vorbei. Die öffentliche Hand ist hoch verschuldet und hat wenig finanzielle Spielräume. Der Gewerbebau stagniert. Auch die Praxis des Bauens hat sich verändert. Kostensparendes Bauen ist heute in der Regel mit dem Einsatz von Präfabrikaten verbunden. Die Gebäude und ihr Management werden immer intelligenter, die Anforderungen an die Qualifikationen der Beschäftigten steigen ebenso wie die Wissens- und die Informationsverarbeitungsanteile an der Produktion.

Einer der großen Wachstumsmärkte der Zukunft ist das Gebäudemanagement. Der Geschäftsbereich des Gebäudemanagements umfaßt heute faktisch die Bewirtschaftung von Gebäuden aus einer Hand: von der Instandhaltung über das Kosten- und Energiemanagement bis hin zur kompletten Übernahme des Gebäudes und des Leasings an Nutzer. Die großen Facility-Management-Unternehmen waren bisher in der Regel Töchter von Großbetrieben, darunter z.B. Raab Karcher oder Töchter von Energieversorgungsunternehmen. Diese bedienten sich in der Regel des örtlichen Handwerks und übernahmen selber das Management und die Kundenakquisition.

In der jüngeren Vergangenheit kam es nun in verschiedenen Regionen Deutschlands zum Aufbau von handwerklichen Kooperationen. Ziel dieser Kooperationen ist es, durch Komplettangebote diesen Gebäudemanagementmarkt dem Handwerk direkt zu erschließen. Eine der meistbeachteten Unternehmensgründungen im Handwerk der letzten Jahre war die Gründung der Facility-Management-Hamburg (FMH), eine Aktiengesellschaft, die im Besitz von 130 Hamburger Handwerksbetrieben ist und mit einer eigenen Geschäftsführung als Gebäudemanager am Hamburger Markt aktiv wird. FMH hat unter einem Dach sämtliche Gewerke des Bauhandwerks sowie das Gebäudereinigerhandwerk.

Nicht mehr das Bauen selber ist hier Geschäftsgegenstand. Verkauft wird dem Kunden vielmehr die unter Kosten und Langlebigkeit optimierte Nutzung der Gebäude mit einem deutlichen Schwerpunkt bei der vorsorgenden Instandhaltung.

Das Angebot weitergehende Dienstleistungen, die das Wohnen selber betreffen, sind hier auch in zweiter Linie durchaus vorstellbar. Die Bereitstellung und Wartung von Wohn-Infrastruktur: von der Waschmaschine über die Küchengeräte bis hin zum Thema Medien sowie die ganze Bandbreite an personenbezogenen Dienstleistungen (Waschen, Einkaufen etc.).

Handwerk als ökoeffizienter Dienstleister kann in diese Märkte noch sehr viel stärker hineinwachsen, wenn es seine Rolle in diesem Sinne neu definiert und den Markt für sich aktiv entwickelt. Daß solche Quantensprünge der Innovation durchaus machbar sind – sogar durch Forschungsvorhaben initiiert – zeigt das Beispiel des Kfz-Handwerks, das – animiert durch die Ergebnisse der PEM ökoeffiziente Dienstleistungen im Programm DL 2000 – sich heute in Teilen wohl schon vorstellen kann, als Mobilitätsanbieter im Sinne von Carsharing an den Markt zu gehen. Ganz sicher ein großer Schritt in die richtige Richtung.

**Dipl.-Ing.
Hans-Werner Bellin**

Verband Deutscher
Maschinen- und Anlagen-
bau e.V.

*Nicht jede Dienstleistung trägt
zu bewußterem Umgang mit
Ressourcen und zu der notwendigen Reduzierung des Verbrauchs bei. Deshalb muß
immer genau geprüft werden,
ob die Gesamtbilanz als eher
ressourcenschonend gegenüber
den herkömmlichen Methoden
angesehen werden kann.*

Hans-Werner Bellin

Dienstleistung 2000 am Beispiel Elektrowerkzeuge: Vermieten statt verkaufen

Einleitung

Die zwei Hauptfaktoren des Wirtschaftens in der Zukunft
Zwei wesentliche Faktoren werden in Zukunft alle deutschen Wirtschaftszweige mitbestimmen, ob Industrie, Handel, Banken, Verkehr oder auch das Handwerk. Einerseits wird sich durch die Globalisierung der Märkte der Wettbewerb massiv verändern, anderseits wird es durch den ständig steigenden Verbrauch von Energie und Ressourcen zu Versorgungsengpässen kommen. Dies wird nicht nur wirtschaftliche sondern auch politische und soziale Veränderungen bewirken. Das aus dem hohen Verbrauch resultierende Abfallproblem rückt gegenüber dem Ressourcenproblem in den Hintergrund, läßt sich aber auch nur noch mit immer höheren Aufwendungen in den Griff bekommen.

Probleme der herkömmlichen Marktwirtschaft
Aus Sicht der Ökologie stellt die herkömmliche Marktwirtschaft ein Problem dar, da diese rein auf Wachstum ausgelegt ist. Stagnation bedeutet Rückschritt. Wachstum ist aber nur durch Ausweitung der Märkte und nur – so scheint es zur Zeit – durch eine Erhöhung der Produktionszahlen erreichbar. Dies ist bisher aber auch mit einem dramatischen Anstieg des Verbrauchs von Energie und Ressourcen auf der einen und einer Zunahme der Abfallmenge auf der anderen Seite erkauft worden. Alles zusammen führt zu einem deutlich höheren Kosten- und Wettbewerbsdruck.

Deshalb müssen neue Ansätze des Wirtschaftens geschaffen werden, die mit weniger Materialverbrauch gleiche oder gar bessere Leistung für alle Beteiligten erbringt.

Ziel aller Wirtschaftsaktivitäten ist direkt oder indirekt der monetäre Gewinn. Dies wird sich nie ändern. Ändern wird sich jedoch der Preis für die Rohstoffe, die für Schlüsseltechnologien notwendig sind und auch in absehbarer Zeit nicht ersetzt werden können. Dazu zählen zum Beispiel die seltenen Erden, die in technologischen Prozessen und Produkten Schlüsselfunktionen haben und ohne die einige Produkte nicht herstellbar wären. Spätestens zu diesem Zeitpunkt wären Alternativen notwendig, um die Leistungen dieser Produkte weiterhin zu einem marktfähigen Preis anbieten zu können. Die Unternehmen, die sich bereits frühzeitig durch intelligente Systeme auf diese Rohstoffverknappung und die damit verbundenen Veränderungen eingestellt haben, wissen, daß dies bereits heute Wettbewerbsvorteile bringt.

Grundvoraussetzung für diesen neuen Ansatz ist die Erkenntnis, daß die großen Industrienationen nur einen kleinen Prozentsatz der gesamten Weltbevölkerung stellen, aber hier zur Zeit noch der größte Verbrauch stattfindet.

Mit der Zunahme der Informations- und Kommunikationsnetze steigt auch gleichzeitig das Bedürfnis nach Grundversorgung und Wohlstand der Bevölkerung in Ländern und Kontinenten wie z.B. China, Afrika oder Asien, die zu den bevölkerungsreichsten der Welt zählen. Würde der Pro-Kopf-Verbrauch an Ressourcen in diesen Ländern auf ähnliche Werte ansteigen wie in Deutschland, wäre die Nachfrage mit normalen Mitteln kaum noch zu befriedigen.

Es ist also an der Zeit, hier neue Gesamtkonzepte zu entwickeln, die bedürfnisorientiert, marktwirtschaftlich realisierbar und noch wesentlich schonender für die noch vorhandenen Ressourcen sind.

Nutzen statt Besitzen

Einer der wichtigsten Grundsätze der Ökonomie ist in der Bibel beschrieben und lautet: »Liebe deinen Nächsten wie dich selbst!«. Wenn diese Lebensweisheit konsequent die Ausrichtung des wirtschaftlichen Handelns bestimmt, dann entsteht das, was unter einer Dienstleistung par excellence zu verstehen ist. Das Bedürfnis des

Kunden steht im Vordergrund, und der Dienstleistungsanbieter ist bedacht, dieses Bedürfnis nach bestem Wissen und Gewissen im Rahmen seiner Tätigkeit zu befriedigen. Daraus entstehen »win/win«-Situationen, die zu festen und guten Kunden-/Lieferanten-Beziehungen führen.

Es läuft zunehmend darauf hinaus, daß ein Kunde allein mit der »Hardware« kaum noch zufriedengestellt werden kann. Schon heute spielt die »Software« in vielen Wirtschaftszweigen mindestens eine ebenbürtige Rolle im »Gesamtpaket« Produkt.

Je komplizierter die Technik wird, desto wichtiger wird der Service im Falle einer Störung des normalen Betriebsablaufes. Servicetechniker der Hersteller – unter Umständen gekoppelt mit Serviceverträgen – bilden eine Vorstufe zu den sich verstärkenden Tendenzen, Betreibermodelle in der Industrie anzubieten. Ohne den Spezialisten ist nicht nur der Laie bei vielen Dingen des täglichen Umgangs schnell am Ende seiner Weisheit angelangt.

Eines der Grundbedürfnisse des Menschen wäre durch ein »Rundum-Sorglos-Paket« gestillt. Was aber müßte dieses Paket enthalten, um den Erwartungen gerecht zu werden?

Besitz bindet nicht nur Kapital. Die Investition erfüllt nicht zwangsläufig die Probleme, die an die Anschaffung geknüpft sind. Je mehr Besitz um so mehr Bindungen, mehr Verpflichtungen, weniger Freiheiten und damit auch weniger Flexibilität. Aber gerade in der Wirtschaft wird durch die Veränderung der Systeme und der ständig sich ändernden Herausforderungen immer mehr Flexibilität notwendig – ja überlebensnotwendig. Schnell und kompetent agieren und reagieren zu können wird immer wichtiger. Hiermit kommen zwei Faktoren zusammen, die wesentlich das zukünftige Wirtschaftsleben bestimmen werden. Wie könnten diese Systeme der Zukunft aussehen?

In vielen Wirtschaftszweigen und Branchen sind Nischenlösungen oder auch breiter angelegte Systeme zu erkennen, die nicht mehr den Verkauf der »Hardware« im Vordergrund haben, sondern durch »Serviceleistungen« Pakete schnüren, die auf ihren jeweiligen Gebieten diesem »Rundum-Sorglos-Paket« sehr nahekommen. Als Beispiel sind hier Versicherungen zu nennen, die im Schadensfall sämtliche Aktivitäten zur Schadensabwicklung koordinieren und übernehmen und die aus dem Schaden resultierende Probleme beseitigen helfen. Eine sogenannte »Mobilitätsgarantie« bei Kraftfahrzeugen stellt sicher, daß alle Unannehmlichkeiten bei einem Fahrzeugschaden so gering wie möglich gehalten werden. Wartungs- und Instandhaltungsverträge sind bei Investitionsgütern sehr häufig. Alle diese »Dienstleistungsprodukte« deuten an, daß der Kunde primär an der Funktion der »Hardware« interessiert ist und für ihn eventuelle Schäden möglichst umgehend und ohne größere Schwierigkeiten beseitigt werden, damit die »Hardware« wieder Ihre Einsatzfähigkeit erhält.

Letztlich zählt für den Kunden die Funktion und nicht der Besitz.

Beispiel 1: Bohrmaschine

Eine Bohrmaschine wird von einem Durchschnittsheimwerker höchstens zwei- bis dreimal im Jahr gebraucht und läuft dabei eventuell 15 Minuten. Wenn eine Heimwerker-Bohrmaschine für 15 Stunden Dauerlauf ausgelegt ist, dann erreicht sie eine theoretische technische Lebensdauer von 60 (!) Jahren. Aus diesem einfachen Rechenbeispiel kann ermessen werden, daß diese Maschine eher lagerungsbedingte Schäden vorweisen wird oder ein »Opfer des emotionalen Verschleißes« und des technischen Fortschritts wird, als daß tatsächlich normale Abnutzungserscheinungen zum Ersatzbedarf dieser Maschine führen werden. Legt man nun den Maschinen einen Anschaffungswert von etwa 160 DM und eine effektive technische Nutzungsdauer von ca. 10 Jahren zu grunde, würde die Maschine insgesamt etwa 2,5 Stunden gelaufen sein. Dies würde einen Preis von 64 DM pro Stunde bedeuten oder 16 DM pro Nutzung ohne Zinsen, Lagerfläche, Wartung und mögliche Reparaturen. Jeder, der rechnen kann, sollte sich spätestens hier die Frage stellen, ob die nächste Investition nicht doch anders aussehen sollte und welche Alternativen es bereits jetzt gibt.

Es lassen sich zwei unterschiedliche Schlußfolgerungen aus diesem Beispiel ziehen:

- die Maschine, die nach den obigen Prinzipien ausgelegt wurde, ist viel zu aufwendig und damit zu ressourcenintensiv gebaut und müßte deshalb sehr viel einfacher konstruiert werden.

- die Maschine wird in diesem Anwendungsfall zu selten benutzt, um wirklich ihren Möglichkeiten gerecht werden zu können. Mehrfachnutzungen (Nutzergemeinschaften) oder Multifunktionswerkzeuge für verschiedene Einsatzzwecke könnten hier die Auslastung erhöhen.

Beide Ansätze haben Ihren Reiz. Aber aus technischen Überlegungen heraus erscheint die Mehrfachnutzung der am besten geeignete Weg, Ökonomie, Gebrauchsfähigkeit und Ökologie miteinander zu verbinden.

Nun stellt sich natürlich die Frage, welche Ersatzsysteme für Heimwerker so attraktiv sind, daß er diese Angebote auch nutzt, statt sich ein »Werkzeuggrab« im Keller anzulegen.

Es scheint, daß die Möglichkeit, in den eigenen vier Wänden zu jeder Tages- oder Nachtzeit »werkeln« zu können, die heilige Kuh des Heimwerkers ist und so auch die üblichen Verleihsysteme kaum eine Chance haben. Das zweite Argument, das gegen herkömmliche Verleiher spricht, besteht darin, daß der Weg zum Verleih, falls überhaupt einer bekannt ist, zu weit ist und die damit verbundenen Formalitäten zu groß sind. Alle diese Argumente sind ernst zu nehmen und müssen von einem Alternativsystem berücksichtigt werden.

Um dies zu kreieren, bedarf es neuartiger strategischer Allianzen und technischer Möglichkeiten, die sich durch die Informationstechnologien eröffnen. Bringdienste ähnlich den Pizzadiensten, den Fahrradkurieren in Ballungszentren bzw. Taxiunternehmen oder anderen »Logistikanbietern«, die ihre Logistiksysteme bereits aufgebaut haben und deren System sich mit nutzen ließe, wären Möglichkeiten, dem Kunden entgegenzukommen. Aus einer Kombination aus Mitgliedschaft, festem Jahresbeitrag und einem nutzungsabhängigen Entgelt – der der z.B. per Abbuchung möglich wäre – könnte jeglicher Formalismus für den Nutzer minimiert werden. Als Verleihzentralen wären z.B. Tankstellen mit 24-Stunden-Service geeignet. Oft ist auch hier technisches Personal zu finden, das diesen Bereich betreuen könnte. Mit Hilfe einer Computervernetzung verschiedener Verleihzentren wäre jederzeit feststellbar, an welchem Standort welches Gerät vorrätig ist und in welchem Zeitraum an einen anderen Ort transportiert werden könnte. Für Anbieter solcher

Dienste lohnt sich ein solches System, ist aber nur dann auch wirtschaftlich, wenn genügend Teilnehmer an dem System partizipieren.

Natürlich tragen weit mehr Faktoren zum Gelingen eines solchen Systems bei und es lassen sich auch bei weitem nicht alle mit einem solchen System erreichen. Wenn aber 15 Prozent des Marktes durch diese Art der Nutzung abgedeckt werden könnten, würde dies etwa 1,3 Millionen Elektrowerkzeuge und damit fast 4000 Tonnen Kunststoff, Stahl, Kupfer und andere Metalle im Jahr betreffen.

Beispiel 2: Staubabsaugung

Wo gehobelt wird, da fallen Späne, und wo geschliffen wird, da staubt es. Alle Betriebe, die sich mit der Bearbeitung von Holz beschäftigen, kennen dieses Problem und müssen Späne und Staub am Arbeitsplatz möglichst gering halten. Hierzu gibt es gesetzliche Auflagen und auch Qualitätsanforderungen.

Die Regel heute ist, daß eine Maschine von Firma A gekauft wird und dann zur Ergänzung eine Anlage von Firma B angeschafft werden muß, die in der Lage ist, die Luft so sauber zu halten, wie es notwendig ist. Um hier die richtigen Ergebnisse zu erreichen, bedarf es gewisser Fachkenntnisse. Der Hersteller der Absauganlagen hat das Know-how im Bereich der Luftreinhaltung und kennt die Aerodynamik seiner Anlagen, aber meistens nicht die Maschinen, deren Staubabsaugung organisiert werden soll. Es gibt definierte Schnittstellen, aber diese sind natürlich mit den entsprechenden Verlusten behaftet.

Nun ändern sich Maschinenpark und eventuell auch die gesetzlichen Vorgaben, oder auch das Holz, daß es zu bearbeiten gilt. Deshalb können die Grenzwerte plötzlich nicht mehr eingehalten werden. Der Holzbearbeiter muß sich wieder schlau machen und Kenntnisse über Luftreinhaltung erarbeiten, die ihn allerdings von seiner eigentlichen Kernkompetenz abhalten. Nun liegt es natürlich nahe, an einen Hersteller von Absauganlagen heranzutreten und mit ihm einen Dienstleistungsvertrag abzuschließen. Das Ziel hierbei ist nicht mehr, eine bestimmte Art von Absauganlage zu installieren, sondern den Hersteller dieser Absauganlagen zu verpflichten, dafür zu sorgen, daß die Grenzwerte unter jeder Bedingung eingehalten werden. So kann sich jeder auf seine Kernkompetenz konzentrieren. Die

Schnittstellenverluste werden geringer und die Gefahr von Unter- und Überdimensionierung wird reduziert. Einrichtungen werden optimal gewartet, da der Hersteller an einer langen Lebensdauer seiner Anlagen interessiert sein wird.

Auch diese Betreibermodelle sind nicht unbedingt neu, aber stecken in den meisten Branchen in Deutschland noch in den Kinderschuhen. Technik ist nachbaubar, aber das Know-how hinter der Technik kann meist erst durch jahrelange Erfahrung erworben werden. Diesen Wissensvorsprung müssen die Technologieführer behalten und für sich nutzen. Langfristige Kundenbindungen nutzen allen Seiten und helfen allen Seiten Ressourcen und damit auch Geld zu sparen. Und wer wollte das nicht?

Die Dienstleistung als Stein der Weisen?

Dienstleistungen sind im Kommen und übernehmen in vielen Wirtschaftsbereichen bereits heute tragende Rollen. Nicht jede Dienstleistung trägt zu bewußterem Umgang mit Ressourcen und zu der notwendigen Reduzierung des Verbrauchs bei. Deshalb muß immer genau geprüft werden, ob die Gesamtbilanz als eher ressourcenschonend gegenüber den herkömmlichen Methoden angesehen werden kann.

Es bedarf einer strategischen Neuausrichtung vieler Firmen, um sich auch in der gesamten Firmenstruktur den Veränderungen des »Produkts« anzupassen. Die Produktverantwortung hört dann nicht mehr nach der Garantiezeit auf, und die Hardware ist dann nur noch Mittel zum Zweck. Jedes Unternehmen muß prüfen, ob es sich dieser Herausforderung stellen will oder ob es wirtschaftlichen Erfolg darin sehen kann, bevor andere das Geschäftsfeld besetzen.

Sicher ist dies nicht der Stein der Weisen, aber in einigen Geschäftszweigen läßt sich erfolgreich der Materialeinsatz durch eine intelligente Dienstleistung reduzieren. Damit ist sie eine Facette in der Gestaltung der Zukunft.

Zunächst ist ein Umdenkungsprozeß notwendig, bevor dieser Weg – beschritten – auch zum wirtschaftlichen Erfolg führt. Dieser Prozeß muß in Gang gesetzt werden, bevor es zu spät ist.

Dipl.-Volksw. und Dipl.-Kauffrau Christa Müller

Abteilung Wirtschaftspolitik
der Friedrich-Ebert-Stiftung

*Auf die zunehmende europä-
ische und in steigendem
Umfang auch weltwirtschaft-
liche Verflechtung unserer
Volkswirtschaften dürfen wir
nicht mit einem Wettlauf um
möglichst niedrige Löhne, möglichst niedrige Sozialleistungen,
möglichst niedrige Unterneh-
menssteuern und möglichst
niedrige Umweltstandards antworten. Das »down sizing« der
Volkswirtschaften ist gerade
nicht die Antwort einer Nation
auf die Globalisierung (aus dem
Buch »Keine Angst vor der
Globalisierung – Wohlstand
und Arbeit für alle«).*

Christa Müller

»Keine Angst vor der Globalisierung. Mit ökoeffizienten Dienstleistungen zu Wettbewerbsfähigkeit und Arbeit«

Das »eigentliche« Thema der Globalisierung ist der Umweltschutz. Es besteht kein Zweifel daran, daß eine Reihe von schwerwiegenden Umweltproblemen wie der Erhalt der Ozonschicht oder der Schutz des Klimas für alle Länder der Welt von großer Bedeutung sind und nur gemeinsam gelöst werden können. Trotz internationaler Vereinbarungen fällt es vielen Ländern schwer, die von ihnen geforderten Maßnahmen zur Verbesserung der Umweltbedingungen umzusetzen. Das gilt auch für Deutschland.

Wenn die deutsche Bevölkerung in ihrer Mehrheit vor den umfassenden Reformen zurückschreckt, die notwendig sind, die Arbeitslosigkeit zu beseitigen und zu einer umweltverträglichen Wirtschaftsweise zu gelangen, mag dies daran liegen, daß sie in den letzten Jahren wirtschaftlich und finanziell zu stark belastet wurde. Zu groß ist die Angst der Menschen, den erreichten Wohlstand und die vorhandene Lebensqualität zu verlieren.

Deutschland muß den Aufbruch in die Moderne wagen: mit dem Sprung in die ökologische Dienstleistungsgesellschaft. Mit ihr lassen sich Arbeit und Umwelt versöhnen, ohne daß der Wohlstand eingeschränkt werden muß und es zu Einbußen bei der Lebensqualität kommt.

Ökonomie ist Ökologie: Das wirtschaftliche Prinzip
Der »angebliche« Widerspruch von Wirtschaft und Umwelt wird gerade in letzter Zeit wieder stärker ins Gespräch gebracht. Maßnahmen zum Schutz der Umwelt werden zurückgestellt und als überflüssiger Luxus abgetan, weil sie die Produktionskosten erhöhen

und die Wettbewerbsfähigkeit deutscher Produkte auf dem Weltmarkt verschlechtern. Auch die Verbraucher greifen angesichts sinkender Reallöhne zunehmend zu vermeintlich billigeren, die Umwelt aber stärker belastenden Produkten. In dem Maße, in dem Arbeitslosigkeit und Sozialabbau bei der Bevölkerung an Bedeutung gewinnen, nimmt der Stellenwert der Umweltproblematik in ihrem Bewußtsein ab.

Zur Herstellung von Gütern und Dienstleistungen braucht man einerseits Rohstoffe und Energie, andererseits Arbeitskraft. Dem wirtschaftlichen Prinzip entsprechend müßte man bestrebt sein, möglichst wenig Rohstoffe, Energie und Arbeit einzusetzen, um ein Produkt herzustellen. Bislang haben sich die Industrienationen darum bemüht, die Produktivität der Arbeit zu erhöhen. Dabei waren sie sehr erfolgreich. Allerdings erfolgte dies teilweise zu Lasten eines höheren Einsatzes von Energie und Rohstoffen und damit auf Kosten der Umwelt.

Aus mehreren Gründen scheint nun der Zeitpunkt gekommen, die forcierten Bemühungen um den effizienten Einsatz des Produktionsfaktors Arbeit auf den sparsamen Umgang mit natürlichen Ressourcen zu verlagern. Dabei geht es selbstverständlich nicht darum, die durch den technischen Fortschritt entstehenden Steigerungen der Arbeitsproduktivität zu bremsen. Vielmehr geht es darum, einen darüber hinausreichenden Rationalisierungsdruck zu vermeiden. Denn die Arbeitslosigkeit ist hoch. Ein Mangel an Arbeitskräften besteht weder in Deutschland noch anderswo. Der Wunsch der Arbeitnehmer und Arbeitnehmerinnen nach spürbaren Arbeitszeitverkürzungen ist zwar vorhanden, aber eher gering. Unter sonst gleichen Bedingungen wird die weitere Rationalisierung der Arbeit zu höherer Arbeitslosigkeit mit entsprechend hohen gesellschaftlichen Kosten führen. Die Steigerung der Arbeitsproduktivität durch die Einsparung von Arbeitskräften ist derzeit eher unwirtschaftlich und deshalb auch weniger dringend.

Einige deutsche Unternehmen haben das bereits erkannt. Kürzlich wurde in Frankreich das Werk für den umweltfreundlichen Kleinwagen Smart eröffnet. Dort sind mehr als die Hälfte der Zulieferer direkt auf dem Werksgelände angesiedelt. Ähnlich verhält es sich bei Ford im Saarland. Das Unternehmen setzt auf Geschäftsbeziehungen in der Region statt auf weltweite Zulieferungen. Während die Öffentlichkeit noch die zunehmende Globalisierung der Produktion beklagt, fährt der Zug der Zukunft schon in die Gegenrichtung der regional oder lokal konzentrierten Produktion.

Ein von Wirtschaft und Politik noch nicht ausreichend erkanntes Problem liegt in der stetigen Verkürzung der Produktzyklen und der Beschleunigung des Innovationstempos. Laufend werden neue Produkte auf den Markt gebracht, um die Verbraucher zum Kaufen von Gütern anzuregen. Die unaufhaltsame Konsumspirale führt in vielen Fällen zu wirtschaftlichen Absurditäten mit umweltpolitisch verheerenden Auswirkungen.

Durch ständigen Modellwechsel und die zunehmend unübersichtlich werdende Vielzahl von Erzeugnissen landen immer mehr Neuprodukte direkt im Abfall. Alle möglichen Arten von Konsumgütern bis zu langlebigen Gebrauchs- und Investitionsgütern fallen der Wegwerfmentalität zum Opfer. Für kurze Produktzyklen und schnelle Modellwechsel sind insbesondere die Informations- und Kommunikationstechnologien bekannt. Kaum ist der eine Computer auf dem Markt, werden die Daten des sich in der weiteren Entwicklung befindlichen Produktes schon benannt. So ist es kein Wunder, wenn bei einem Computer-Recycling-Projekt mehr als 30 Prozent der Geräte aus original verpackter Ware bestanden. Solche Verschwendung ist nur möglich, weil Rohstoffe und Energie zu billig sind.

Einen Ausweg aus dieser Sackgasse bietet die Umorientierung der Wirtschaft auf langlebigere Güter hoher Qualität und Wertschöpfung. Dabei geht es um die ökologische Erneuerung der gesamten Produktion und darum, der Innovation eine Richtung zu geben, um »echte« Neuerungen zu fördern. Unter diesem Gesichtspunkt ist ein neues Automodell nur dann eine Innovation, wenn der Treibstoffverbrauch verringert oder die Haltbarkeit erheblich erhöht wird. Ein Modell mit einem neuen Design dagegen kann man kaum als wirkliche Neuerung ansehen.

Der Konsum langlebiger, qualitativ hochwertiger, umweltfreundlicher Waren setzt einen hohen Wohlstand und eine gleichmäßigere Einkommensverteilung voraus. Das Niveau der materiellen Versorqung ist in Deutschland ausreichend hoch. Außerdem verfügen die deutschen Verbraucher traditionell über ein ausgeprägtes Qualitätsbewußtsein. Umweltfragen gegenüber sind sie aufgeschlossener als die Bevölkerungen vieler anderer Länder. Deutsche Unternehmer und Arbeitnehmer sind eher konservativ und deshalb geradezu prädestiniert für nachhaltiges umweltverträgliches Wirtschaften. Es bedarf allerdings einer gerechteren und gleichmäßigeren Einkommensverteilung und der Herstellung »echter« Preise durch eine Steuer- und Abgabenreform, um das Entstehen eines größeren Marktes für zukunftsfähige Qualitätsgüter zu fördern.

Die inländischen Nachfragebedingungen, das heißt die Zahl und Struktur sowie das Qualitätsbewußtsein der Verbraucher einschließlich des Staates als Nachfrager spielen für die internationale Wettbewerbsfähigkeit der Wirtschaft eine herausragende Rolle. Die Politik muß einen wirtschaftspolitischen Rahmen setzen, der die Bedingungen für einen großen inländischen Markt für Qualitätserzeugnisse herstellt. Die Aufgabe zukunftsorientierter Unternehmen ist es, diesen Markt rechtzeitig zu erobern und dauerhaft zu bedienen. Damit werden sie auch auf den Weltmärkten der Zukunft ihre Konkurrenzfähigkeit behaupten. (Ähnliche Gedanken wie bei dem Workshop hat Christa Müller in dem Buch »Keine Angst vor Globalisierung – Wohlstand und Arbeit für alle«, das sie gemeinsam mit Oskar Lafontaine im Verlag J.H.W. Dietz Nachfolger GmbH herausgebracht hat, ausführlich geäußert.)

Bernd Meyer

Stoffströme und Beschäftigungswirkungen ökoeffizienter Dienstleistungen.
Acht Thesen

1. Ökoeffiziente Dienstleistungen haben seit vielen Jahren in den westlichen Industrieländern vor allem als Vorleistungsinputs in der Industrie und weniger als Konsumgüter großen Erfolg. Dienstleistungen im Vorleistungsbereich sind in den volkswirtschaftlichen Gesamtrechnungen vor allem im Sektor »sonstige« Dienstleistungen vorhanden. Dieser ist als Rest definiert: Dazu gehören u.a. Unternehmensberatung, Werbung, Gebäudereinigung, Architekturbüros, Vermögensverwaltung, Nachrichtenbüros, Ausstellungswesen, Rechtsberatung, Ingenieurbüros etc.

2. Dabei handelt es sich um die Branche mit der stärksten Wachstumsdynamik. Der Anteil an der gesamtwirtschaftlichen Produktion ist von 1978 bis 1998 von 5,6 Prozent auf 10,9 Prozent gestiegen. Insbeondere im »harten Kern« industrieller Produktion (Fahrzeugbau, Maschinenbau, Elektrotechnik) machen diese Dienstleistungen heute mit 13 Prozent einen erheblichen Anteil der Produktionskosten aus.

3. Die Beschäftigungseffekte dieser dramatischen Entwicklung sind auf den ersten Blick unklar, weil Beschäftigung tiefgestaffelter Wertschöpfungsketten in der Warenproduktion gegen Beschäftigung im Dienstleistungssektor substituiert wird.

4. Modellrechnungen mit dem tief gegliederten ökonometrischen Modell Panta Rhei zeigen, daß die Beschäftigungsentwicklung von 1980 bis 1990 nahezu unverändert geblieben wäre, wenn ab 1980 der Anteil der Dienstleistungen am Vorleistungseinsatz des

Prof. Dr. Bernd Meyer

Institut für Empirische Wirtschaftsforschung, Osnabrück

*In der Warenproduktion geht
der Materialverbrauch zurück,
weil die Kunden zunehmend an
Problemlösungen und weniger
an stofflichen Produkten interessiert sind.*

Verarbeitenden Gewerbes konstant geblieben wäre und statt dessen der Wareneinsatz seine damalige Bedeutung gehalten hätte. Der Rohstoffeinsatz wäre aber im Jahre 1990 um 10 Prozent höher als der historisch gemessene gewesen.

5. Die fortschreitende Tertiarisierung führt zu einer Änderung der Produktqualitäten: Die Unternehmen des Verarbeitenden Gewerbes bieten zunehmend Problemlösungen an, der rein stoffliche Charakter der Produktion tritt mehr und mehr in den Hintergrund.

6. Die Chancen der ökoeffizienten Dienstleistungen für die Beschäftigung sind deshalb vor allem darin zu sehen, daß sich die deutsche Wirtschaft im globalen Wettbewerb behaupten kann: Durch die Qualitätssteigerung kann man sich mehr und mehr dem verheerenden Preiswettbewerb entziehen und im Qualitätswettbewerb Erfolge erzielen.

7. Eine Wirtschaftspolitik, die Warenproduktion durch arbeitsintensive Dienstleistungsproduktion ersetzen will, um mehr Beschäftigung zu erzielen, muß das komplementäre Beziehungsgeflecht zwischen Industrie und Dienstleistungen akzeptieren.

8. Eine Umorientierung der Produktion über einen Strukturwandel in der Endnachfrage dürfte kaum gelingen. Deutschland als »Land der Bastler und Tüftler« hat in der weltwirtschaftlichen Arbeitsteilung seinen Vorteil als Produzent von Investitionsgütern.

Dr. Friedrich Hinterberger

Dr. Christa Liedtke

Andreas Pastowski

Wuppertal Institut für Klima, Umwelt, Energie

Umweltpolitik muß sich in die wirtschaftspolitische Debatte ein-klinken, wenn sie nicht den Anschluß an gesellschaftliche Realität verlieren will. Umwelt-politik, die auf eine Erhöhung der Ressourcenproduktivität, Ökoeffizienz und Dematerialisie-rung (Faktor X) setzt, ist Wirt-schaftspolitik und kann sich am Stand der wirtschaftspolitischen Diskussion nicht vorbeimogeln. Oder, anders gesagt: die wirt-schaftspolitische Diskussion kommt nicht zu uns; wir müssen uns in die Diskussion einbringen.

FriedrichHinterberger, Christa Liedtke, Andreas Pastowski

Die »andere Rationalisierung« – Arbeit durch ökoeffiziente Dienstleistungen

Das Konzept: Öko-Effiziente Dienstleistungen

»Ökoeffiziente Dienstleistungen« sind seit einigen Jahren ein zentrales Forschungsfeld des Wuppertal Instituts – nicht zuletzt angestoßen durch die Initiative »Dienstleistungen für das 21. Jahrhundert des Bundesministeriums für Bildung, Wissenschaft und Forschung«. Im Rahmen vieler Veranstaltungen und Projekte ging es dabei zunächst um die Bearbeitung konzeptionellen Neulandes, sehr bald aber um die beispielhafte Umsetzung, und schließlich um die Erarbeitung notwendiger politischer Rahmenbedingungen. Ein angestrebtes Ziel ist dabei immer wieder die Vereinbarkeit ökologischer Reduktionsziele (»Dematerialisierung«) mit der Wettbewerbsfähigkeit von Unternehmen und Produkten sowie der Schaffung von Arbeitsplätzen. Darum geht es in diesem Beitrag.

Ökoeffiziente Dienstleistungen können als wichtigstes Instrument zur Erhöhung der Ressourcenproduktivität und der Verminderung von Umweltwirkungen angesehen werden. Entscheidend dafür ist die Umsetzung von entsprechenden technischen, organisatorischen und sozialen Innovationen. Dienstleistungen an sich sind keineswegs »nicht-materiell«. Sie werden mit Hilfe technischer Geräte, Transportleistungen und Energie angeboten, die wiederum mit erheblichen Stoffströmen (und Emissionen) verbunden sind. Mehr und bessere, kundenbezogene Dienstleistungen sind gefragt und nicht ein Mehr an materialintensiven Sachgüterkäufen. Indem ökoeffiziente Dienstleistungen den gleichen Kundennutzen bei geringerer Materialintensität erbringen, erschließen sie neue Märkte. Zugleich bewirken sie eine partielle Substitution des Materialverbrauches durch menschliche Arbeit.

Zukunftsfähige Produkte sind »Dienstleistungserfüllungsmaschinen«, d.h. sie befriedigen spezifische Kundenbedürfnisse, unterstützen Wohlstand, sozialen Fortschritt und schonen die Natur.Eine Kundenbetreuung vor Ort wird unvermeidlich. Dies hat jedoch auch ökonomische Vorteile: der Kunde bindet sich langfristig an Unternehmen, die seine Bedürfnisse ausreichend befriedigen. Kurze Wege zwischen Herstellern und Kunden binden nicht nur die Nachfrage, sondern auch langfristige Gewinne an Unternehmen. Die Arbeitsplätze bleiben in der Region.

Die »andere« Rationalisierung

Die Idee einer »anderen Rationalisierung« geht davon aus, daß der in der Vergangenheit beschrittene Pfad der wirtschaftlichen Entwicklung auf verzerrten Preisstrukturen beruhte und zur Fehlallokation von Ressourcen geführt hat. Wesentliche Indikatoren hierfür sind die Arbeitslosenquote und die Entwicklung des Materialverbrauches. Während der Faktor Arbeit durch die Anlastung seiner Reproduktionskosten fortwährend verteuert wurde, sind die allein für den Materialverbrauch maßgeblichen Rohstoffpreise real verfallen. Abgesehen von den Rohstoffen, für deren Nutzung überhaupt ein Preis zu entrichten ist, wird Natur überdies in erheblichem Umfang kostenlos für wirtschaftliche Zwecke genutzt.

Wenn Rationalisierung konventionell primär darauf abzielt, Güter und Dienstleistungen kostengünstiger herzustellen, so erfolgt dies im wesentlichen durch die Substitution relativ kostenträchtiger durch kostengünstige Produktionsfaktoren und den Einsatz entsprechenden technischen und organisatorischen Wissens. Rationalisierung ist damit primär produktionsorientiert und reflektiert hinsichtlich ihrer Ausrichtung die gegebenen relativen Preise der Produktionsfaktoren sowie deren Veränderung im Zeitablauf. In der Vergangenheit bedeutete dies, daß vornehmlich die relativ teure menschliche Arbeit durch den erhöhten Einsatz von Kapital und Material unter Nutzung und Fortentwicklung entsprechenden organisatorischen und technischen Wissens ersetzt wurde.

»Andere Rationalisierung« versteht den effizienteren Einsatz der Produktionsfaktoren in einem umfassenden Sinn. Entsprechend wird das Bündel an Gütern und Dienstleistungen nicht als gegeben, sondern als im Sinne ökoeffizienter Bedürfnisbefriedigung und Produktion im Rahmen des strukturellen Wandels rekombinierbar betrachtet. Dies bedeutet, das den Dienstleistungen hinsichtlich der Materialintensität des Konsums und der mittels materieller Güter möglichen Bedürfnisbefriedigung ein teilweise substitutiver Charakter zukommt.

»Andere Rationalisierung« der Produktion bedeutet zudem, daß die aufgrund der »vergessenen Reproduktionskosten« der Natur hohe Materialintensität der Produktion von Gütern und Dienstleistungen mittels technischer und organisatorischer Innovationen reduziert wird.

»Andere Rationalisierung« ist somit die Abkehr vom Primat der auf die sparsamere Nutzung der menschlichen Arbeitskraft fokussierten Effizienzsteigerung. Vielmehr sind menschliche Kreativität und Arbeit vermehrt gefordert, wenn es um die Umsetzung des beschriebenen neuen Rationalisierungstyps geht. Hierbei kommt den ökoeffizienten Dienstleistungen eine zentrale Rolle zu. Mittels ökoeffizienter Dienstleistungen kann die Materialintensität der Produktion gesenkt werden und lassen sich Bedürfnisse weniger materialintensiv befriedigen. In Anlehnung an die Definition des World Business Council for Sustainable Development bedeutet Ökoeffizienz die Minimierung des Ressourcenverbrauches und der Umweltbelastungen bei gleichbleibendem Nutzen und Lebensstandard (Schmidt-Bleek 1994).

Die in diesem Buch dargestellten Projekte haben immer auch nach Beschäftigungspotentialen der jeweiligen Dienstleistungskonzepte gefragt. Die beteiligten Unternehmen sehen in den aufgezeigten Dienstleistungen unterschiedlich starke Beschäftigungsauswirkungen. Sollten die mit Wohnungswirtschaft und Kfz-Handwerk konzipierten Innovationen auf die erhoffte Nachfrage treffen, so würden je nach Größe der Projekte ein oder mehrere Arbeitsplätze in den Bereichen Handwerk und Verwaltung geschaffen. Eine genaue Quantifizierung der Beschäftigungseffekte kann aber nach den derzeitigen Erkenntnissen nicht erfolgen.

Makroökonomische Effekte

Am einzelnen Beispiel können Stoffstromreduzierung und die Schaffung von Arbeitsplätzen oft nachgewiesen werden; offen bleibt dabei die Frage, ob eine Reduktion von Stoffströmen auch gesamtwirtschaftlich (für eine Region, für Deutschland, Europa) arbeitschaffend ist, bzw. unter welchen Umständen. Denn: es ist mehr als wahrscheinlich, daß Gewinne (an Stoffstromreduzierung und zusätzlichen Arbeitsplätzen) in einzelnen Unternehmen von der gesamtwirtschaftlichen Entwicklung aufgefressen werden. Dies liegt daran, daß jedes Wachstum der Basis (des Brutto-Inlandsprodukts oder der Service-Einheiten im MIPS-Konzept) bei steigender Ressourcenproduktivität die dadurch mögliche Dematerialisierung wieder auffrißt: steigt die Ressourcenproduktivität um 5 Prozent und das BIP um 3 Prozent, dann sinken die Stoffströme nur um 2 Prozent. Dies ergibt sich aus der Tautologie:

$$Y = Y/MI \cdot MI \quad \text{oder} \quad \partial Y/\partial t = \partial (Y/MI)/\partial t + \partial MI/\partial t$$

Der materielle Wohlstand der industrialisierten Welt rührt in erster Linie daher, daß diese Kompensation für die Erhöhung der Arbeitsproduktivität in den letzten 200 Jahren hervoragend funktioniert hat: sie führte nur zum Teil zu einer Reduktion des Arbeitseinsatzes (vor allem der durchschnittlichen Lebensarbeitszeit). Vor allem aber ermöglichte es der Produktivitätsfortschritt, die wirtschaftliche Produktion und damit den materiellen Reichtum erheblich zu steigern.

Der Materialverbrauch sowie die Materialintensität können als umfassende Indikatoren für die Ökoeffizienz einer Volkswirtschaft betrachtet werden. Seit Mitte der siebziger Jahre ist die einwohnerspezifische globale Materialintensität, d.h. einschließlich der wegen der Rohstoffimporte im jeweiligen Ausland anfallenden Stoffbewegungen, in den USA zurückgegangen, während dieser Indikator in den Niederlanden, Deutschland und Japan angestiegen ist. Insgesamt hat sich damit eine Annäherung der einwohnerspezifischen Materialintensitäten zwischen den betrachteten Ländern vollzogen. Bei der auf das reale Bruttoinlandsprodukt bezogenen Materialintensität ist dagegen die globale Materialintensität in den Ländern

USA, Japan und Deutschland (mit Einschränkungen aufgrund von Sonderentwicklungen im Gefolge der Wiedervereinigung) zurückgegangen; in den Niederlanden verlief der Rückgang dagegen vergleichsweise gebremst.

Bei eingehenderer Analyse der Entwicklung in Deutschland für den Zeitraum 1960 bis 1994 (Adriaanse et al. 1998) fällt auf, daß das reale BIP bis 1990 (1994) um rund 150 Prozent (200 Prozent) zugenommen hat, während der globale Materialaufwand um rd. 50 Prozent (115 Prozent) und die direkten Materialinputs um rd. 40 Prozent (100 Prozent) angestiegen sind. Mithin kann für 1994 eine relative Entkopplung des Materialverbrauches gegenüber dem BIP festgestellt werden, die vereinigungsbedingt deutlich hinter der in den westlichen Bundesländern 1990 erreichten Entkopplung zurückbleibt. Betrachtet man die Entwicklung der Faktorproduktivitäten im gleichen Zeitraum (bis 1994) so ergibt sich für die Arbeitsproduktivität eine Zunahme um rund 200 Prozent, für die Materialproduktivität ein Anstieg um rund 45 Prozent und für die Kapitalproduktivität ein Rückgang um rund 50 Prozent. Dies deutet darauf hin, daß die Produktivitätsentwicklung in der Vergangenheit deutlich von der Rationalisierung des Arbeitseinsatzes dominiert worden ist. Angesichts der reichlich vorhanden Arbeitskraft, der Zunahme der Arbeitslosigkeit und der zur Lösung der globalen ökologischen Probleme erforderlichen Steigerung der Materialproduktivität um einen Faktor vier oder zehn ist in Zukunft ein anderer als der feststellbare Rationalisierungstyp angezeigt.

Viele solcher Studien zeigen einen grundsätzlichen Trend zu weniger spezifischem Stoffverbrauch (je Einheit wirtschaftlicher Aktivität) aber keinen absoluten Rückgang – bei gleichzeitig angestiegener Arbeitslosigkeit. B. Meyer hat in seinem Beitrag (in diesem Band; siehe auch Meyer/Lutz 1999 und die dort angegebene Literatur) gezeigt, daß gerade der Trend zu einer Tertiarisierung in Deutschland (also der steigende Anteil der Dienstleistungen an der gesamten Wirtschaft) mit einer Reduktion von Stoffströmen (die sonst absolut angestiegen wären) verbunden war. Das wirtschaftliche Wachstum in der untersuchten Periode (1980 bis 1990) hat aber dazu geführt, daß es zu keiner echten Umweltentlastung kam. Arbeitsplätze wurden dadurch (in Summe) weder geschaffen noch abgebaut: positive und negative Effekte hielten sich wohl die Waage.

Es braucht also eine aktive(re) Politik, die beide Trends verstärkt: Stoffströme reduziert und Arbeitsplätze schafft. Die Politik der neuen Bundesregierung hat sich vor allem den Abbau der Arbeitslosigkeit auf ihre Fahnen geschrieben und versucht, dies in einer umweltvertäglichen Art und Weise zu tun. In der Beschäftigungspolitik versucht sie einen wirtschaftspolititischen Paradigmenwechsel: wie die alte Bunderegierung setzt sie auf Wachstum als Motor der Beschäftigungsentwicklung; dieses soll aber (anders als bisher) von der Nachfrageseite her stimuliert werden: die Löhne sollen erhöht, die Zinsen gesenkt werden. Natürlich gibt es Streit, ob dies erfolgreich sein kann. Die alte Diskussion zwischen Angebots- und Nachfragetheoretikern geht in eine neue Runde.

Es geht dabei auch um die Frage »Niveau-« vs. »Strukturpolitik« – sowohl in der Beschäftigungs- wie auch in der Umweltpolitik (wenn auch unter verschiedenen Vorzeichen).

- Wirtschaftspolitiker (und ihre wissenschaftlichen Berater) diskutieren die Frage, ob für eine Wiedererlangung der Vollbeschäftigung einfach die (makroökonomischen) Angebots- bzw. Nachfragebedigungen fehlen, oder ob die wirtschaftlichen Strukturen ungünstig sind (z.B. in dem Sinn, daß wenig wettbewerbsfähige Branchen künstlich gestärkt werden, während zukunftsträchtige Bereiche ins Ausland abwandern).
- Umweltpolitiker Wuppertaler Provenienz betonen gerne das Strukturproblem, daß durch ein überkommenes Steuersystem, arbeitsintensive und umweltsparende Branchen, Technologien und Innovationen in ihrer Entwicklung behindert werden, während »alte« (stoff-intensive und arbeitssparende) Industrien gefördert werden.

Neue Rahmenbedingungen: für eine ökologische Wirtschaftspolitik

Die gegenwärtige Wirtschaftspolitik ist durch das Primat der Beschäftigungsförderung gekennzeichnet. Beschäftigungsförderung soll dabei vor allem durch gesteigertes wirtschaftliches Wachstum erfolgen. Wirtschaftliches Wachstum ohne ökologischen Strukturwandel ist aber aus umweltpolitischer Sicht abzulehnen. Aufgabe muß es daher aus ökologischer Sicht sein, wirtschaftliches Wachstum und Beschäftigung dadurch zu flankieren, daß die Ökoeffizienz des Wirtschaftens deutlich gesteigert wird.

- Eine *angebotsorientierte* Wirtschaftspolitik favorisiert die Rahmenbedingungen für Investitionen als wichtigstes Feld der Wachstums- und Beschäftigungsförderung. Beschäftigung entsteht danach vornehmlich durch Investitionen.
- Eine *nachfrageorientierte* Wirtschaftspolitik stellt dagegen die gezielte Stimulierung der Nachfrage nach Gütern in den Mittelpunkt. Beschäftigung kann danach nicht gesichert werden, wenn die Binnennachfrage nach Gütern hinter dem Güterangebot zurückbleibt; Investitionen werden gar nicht erst getätigt, wenn die Nachfrageerwartungen schlecht sind.

Vertreter der ersteren Wirtschaftspolitischen Orientierung betonen die Bedeutung der Lohnkosten für die Ausrichtung der Investitionen und das Ausmaß der arbeitssparenden Rationalisierung, während letztere unterstreichen, daß die Rationalisierung der Produktion immer mit der Einsparung von Arbeitskraft einhergeht und Investitionen daher kein Garant für Beschäftigung sind.

Umweltpolitik muß sich in diese Diskussion einklinken, wenn sie nicht den Anschluß an gesellschaftliche Realität verlieren will. Umweltpolitik, die auf eine Erhöhung der Ressourcenproduktivität, Ökoeffizienz und Dematerialisierung (Faktor X) setzt, *ist* Wirtschaftspolitik und kann sich am Stand der wirtschaftspolitischen Diskussion nicht vorbeimogeln. Oder, anders gesagt: die wirtschaftspolitische Diskussion kommt nicht zu uns; *wir* müssen uns in die Diskussion einbringen.

Für beide wirtschaftspolitischen Paradigmen ist die Umwelt wirtschaftspolitisch von untergeordneter Bedeutung. Auch wenn man die Notwendigkeit der Nachfragestützung anerkennt, muß aber zugleich zwecks Erhöhung der Ökoeffizienz das Erfordernis betont werden, daß der technische Fortschritt eine andere Richtung einschlagen muß, um zu einer dauerhaft umweltverträglichen Entwicklung zu gelangen. Dies unterstreicht die Bedeutung einer »anderen Rationalisierung«, die den Schwerpunkt der Produktivitätssteigerung vom Faktor Arbeit auf die natürlichen Ressourcen verlagert und so gleichermaßen Beschäftigung schafft und die Ökoeffizienz der Wirtschaft erhöht. Wachstumsstimulierung darf nicht ungezielt erfolgen, sondern muß sich auf solche Angebots- und Nachfragesegmente konzentrieren, die zugleich die Ökoeffizienz der Wirtschaft erhöhen. Dies sind langlebige Güter und ökoeffiziente Dienstleistungen, mittels derer der ökologische Strukturwandel beschleunigt werden kann. Neben der gezielten Nachfragestimulierung sind hierfür geeignete Rahmenbedingungen erforderlich, die die Dematerialisierung von Produktion und Konsum lebenzyklusweit, d.h. von der Rohstoffgewinnung bis zur Entsorgung, absenken.

Oskar Lafontaine und Christa Müller beschreiben in ihrem Buch »Keine Angst vor der Globalisierung« (1998) das Arbeit-und-Umwelt-Problem als beschäftigungspolitisches Niveau- und umweltpolitisches Strukturproblem. Verkürzt gesagt:

- die Löhne sind zu niedrig, die Zinsen zu hoch, um Vollbeschäftigung zu erreichen;
- die Steuerlast ist zwischen Arbeit und Natur in einer Weise verteilt, die arbeitssparende aber umweltverbrauchende Bereiche der Wirtschaft begünstigt.

Zwei Probleme, die mit Hilfe zweier Typen von Instrumenten zu lösen sind: eine nachfrageorientierte Wachstumspolitik für die Beschäftigung und eine ökologische Steuerreform für die Umwelt.

Interessant ist hierbei zunächst, daß (anders als dies von vielen Umweltbewegten gesehen wird) hier *nicht* versucht wird, beide Probleme mit einer Klappe zu schlagen: also die ökologische Steuerreform als Allheilmittel für Arbeitslosigkeit *und* Umweltverschmutzung zu betrachten. Andererseits ist aber auch die Lafontaine-/

Müllersche Sicht (ob man bereits von einem neuen wirtschaftspolitischen Paradigma sprechen kann, vermögen wir nicht zu sagen) heftig umstritten.

Ein tiefgreifender ökologischer Wandel, wie er von vielen für notwendig erachtet wird, ist nur möglich, wenn er von *allen* (wichtigen) Branchen getragen wird. Denn: jede Dienstleistung beruht selbst wieder auf industriellen Produkten, die zu ihrer Produktion notwendig sind. In neuerer Zeit ist dies vor allem der Telekommunikationsbereich, in dem in erheblichem Umfang Ressourcen verbraucht werden. Ob dort in Summe Beschäftigung auf- oder abgebaut wird ist für die Zukunft schwer zu sagen, fundierte Szenarien möglicher Entwicklungen sind daher unumgänglich.

Das »scharenhafte Auftreten« (im Schumpeterschen Sinn) ökologischer Innovateure ist aber an günstige Rahmenbedingungen gebunden. Wie hier eine substantielle »ökologische Steuerreform« (als CO_2- oder Materialinput-Steuer) im Zusammenspiel mit einer neuen (nachfrageorientierten) Wachstumspolitik wirkt, muß in weiteren Studien untersucht werden. Einfache (back-of an envelope) Kalkulationen sind dabei als erste Annäherung ebenso hilfreich wie detaillierte Studien mit Hilfe eines disaggregierten makroökonomischen Simulationsmodells.

Dabei ist klar, daß richtige Bedingungen auf der *Makro-Ebene* (Löhne, Zinsen und Steuern) nicht alleine zu einer wettbewerbsfähigen, ökologisch und sozial nachhaltigen Entwicklung führen. Ebenso wichtig sind die Strukturen, in die die einzelnen Akteure (Unternehmen) eingebunden sind, und für deren Entstehen die Politik die richtigen Rahmenbedingungen setzen kann. Ein »Bündnis für Arbeit« mag auf diesem Weg ein wichtiger Meilenstein sein, den es aber auf lokaler und regionaler wie auch auf europäischer Ebene zu untermauern gilt. Ein effektives Bildungssystem gehört dazu ebenso wie eine Forschungspolitik, die dem Innovationsprozeß eine Richtung gibt im Sinne einer ökologischen und beschäftigungspolitischen Orientierung (*Meso-Ebene*).

Aus dem gesagten ergibt sich, daß ökoeffiziente Dienstleistungen eher eine *Orientierung* angeben als ein bestimmtes statistisch nachweisbares Muster wirtschaftlicher Entwicklung. Die Vorstellung mehr (Nutzen) mit weniger (Material und Energie) zu schaffen, muß alle Wirtschafts- (und Gesellschafts-)Bereiche durchziehen, um substantielle Ergebnise zu zeitigen. Eine Politik, die beide Ziele gleichrangig verfolgt, wird nur möglich *und* erfolgreich sein, wenn Ökoeffizienz zu einem gesellschaftliches Leitbild wird, das Wettbewerbsfähigkeit, Beschäftigung und Umweltschutz miteinander verbindet (*Meta-Ebene*). Ein solches Leitbild wird sich aber um so eher durchsetzen, je mehr individuelle Akteure anfangen, entsprechende Wege aktiv zu gehen. Die Dienstleistungsinitiative des BMBF könnte hierbei entscheidende Akzente setzen für den Erfolg einer breit angelegten ökologischen Wirtschaftspolitik (Hinterberger/Luks/Stewen 1996).

Literatur

Adriaanse, A.; Bringezu, S.; Hammond, A.; Moriguchi, Y.; Rodenburg, E.; Rogich, D.; Schütz, H.: Stoffströme: Die materielle Basis von Industriegesellschaften. Berlin, Basel: Birkhäuser Verlag.

Hinterberger, F.; Luks F. ; Stewen, M. (1996): Ökologische Wirtschaftspolitik. Berlin, Basel: Birkhäuser Verlag.

Lafontaine, O.; Müller,CH. (1998): Keine Angst vor der Globalisierung – Wohlstand und Arbeit für alle. Verlag J.H.W. Dietz Nachfolger GmbH, Bonn.

Schmidt-Bleek, F. (1994): Wieviel Umwelt braucht der Mensch? Berlin, Basel: Birkhäuser Verlag.

Meyer, B.; Lutz, Ch. (1999): Ökoeffiziente Dienstleistungen und Materialverbrauch. Eine Simulationsstudie mit dem disaggregierten Modell PANTA RHEI. Manuskript.

Vogel, A.; Liedtke, Ch. (1998): Ökoeffiziente Dienstleistungen. Ein Beitrag zur nachhaltigen Entwicklung. spw. Zeitschrift für Sozialistische Politik und Wirtschaft, Heft 104, S. 28-31.

Presseresonanzen

zum 1. Workshop (s. S. 7):

Der Vermieter, Nr. 6 Dezember 1998/Januar 1999, S. 31-33.
Michael Scharp, Rolf Kreibich, Jürgen Galonska (Hg.): WerkstattBericht
  Nr. 31: Dienstleistungen der Wohnungswirtschaft für den Mieter.

zum 2. Workshop (s. S. 57):

»Altteile-Netzwerke schaffen Alternativen zu neuen Autoersatzteilen«.
  Informationsdienst Wissenschaft (idw) – Pressemitteilung des Fraun-
  hofer-Institut für Materialfluß und Logistik IML, 11.11.1998.
Autoverwertung: »Junge Unfallwagen bringen das Geld«, in Recycling
  Magazin 24/1998.
»Aus zweiter Hand«. Gebrauchtteilehandel in der Diskussion – Informa-
  tionsforum des Fraunhofer Instituts, in kfz-betrieb No 12/98.
»Alt-Teile-Netzwerke schaffen Alternativen zum Kauf neuer Autoersatz-
  teile«, in Abfallwirtschaftlicher Informationsdienst vom 17.12.1998,
  Nr. 6/7 .

zum 3. Workshop (s. S. 91):

Frick, S.; Diez, W.; Reindl, S.: Marktchancen für das Kfz-Gewerbe durch
  ökoeffiziente Dienstleistungen. Kilometer-Leasing als neuer Dienstlei-
  stungsbereich für Autohäuser und Werkstätten, Forschungsbericht Nr.
  15/1998, Nürtingen 1998.
Finsterwalder-Reinecke, I.: Teilen mit Profit. Fachmagazin »Autohaus« Nr.
  3/1999, S. 46.
Weindl: Auto-Teilen: Stern Nr. 4/1999.
Trabert, H.: »Auto auf Abruf» verspricht enormes Marktpotential. Deutsches
  Handwerksblatt 2/1999.
Feth, G.: Autohändler kooperieren mit Car-Sharing-Unternehmen. Wenn
  der Werkstattersatzwagen am Wochenende das Angebot komplettiert.
  FAZ Nr. 13 vom 16. Januar 1999.
Brychey, U.: Fachmärkte für Mobilität. Mit Hilfe der 47.000 deutschen Kfz-
  Werkstätten soll das Auto-Teilen attraktiv werden. Süddeutsche Zeitung
  vom 12.11.1998, S. 2.
Steiler, G.: Teilen ist in. Fachmagazin »kfz-betrieb« Nr. 2/99,
  S. 40-44.
Rohmund, S.: Das Auto auf Zeit kommt in Fahrt. CASH Nr.49 vom 4.
  Dezember1998, Luzern (CH) 1998.
O.V.: Auto teilen kommt in Fahrt. Autohaus Nr. 18/1997, S. 54.
Plate, D.: Neues Mobilitätskonzept: Auto auf Abruf. Am Stück oder in Schei-
  ben?, Autohaus Nr. 1/2-1999, S. 54-55.

O.V.: Kooperationen im Dienstleistungsbereich Car-Sharing. Forschungsbericht der Fachhochschule Nürtingen 1999.

Steiler, G. Gemeinsam zu »Win-Win«. Kfz-betrieb Wochenzeitung. 89 Jg., 28.1.99.

Finsterwalder Reinecke, I.: Bei bedarf mobil, Autohaus Nr. 18/1997, S. 52.

Diez, W.: Stichwort Car-Sharing. Stuttgarter Zeitung, 24.12.1997.

Glotz, M.: Butter auf dem Brot behalten. Auto auf Abruf könnte ein Geschäftsfeld werden – Erste Schritte werden eingeleitet. »kfz-betrieb« Wochenendzeitung Nr. 47 vom 19.11.98.

O.V.: Stattauto will das CarSharing bald bundesweit anbieten, Handelsblatt vom 6.2./7.2.99.

Reindl, S.: Neue Dienstleistungen – neue Märkte! Autohäuser und Werkstätten als »Fachmärkte für Mobilität«. IFAdirect, Geislingen im März 1999, S. 1 ff.

Gerhard Kaminiski, Carsharing macht endlich mobil. Attraktivere Angebote und Profi-Strukturen sollen ein Potential von sieben Millionen »Autoteilern« erschließen. Frankfurter Rundschau, 1. Dezember 1998, Nr. 279, Seite 6.

Boris Schmidt: Der Autohändler auf dem Weg zum Mobilitätsmanager. Zufriedenheit genügt nicht, es muß begeistert werden. Frankfurter Allgemeine Zeitung vom 17.10.1998.

o.V., Butter auf dem Brot behalten. »Auto auf Abruf« könnte eine Geschäftsfeld werden – Erste Schritte werden eingeleitet. Kfz-Betrieb, Nr. 47 vom 19.11.1998.

o.V., Auto teilen kommt in Fahrt. Weg vom Ökomuff, hin zum Profi-Dienstleister: Carsharing wird seriös. Auto Bild, Nr. 49, vom 4.12.1998.

Folgende Veröffentlichungen erscheinen demnächst:

Diez, W.; Reindl, S.;Frick, S.: Betreiberkonzepte für Autohäuser im Wandel: »Autohäuser als Fachmärkte für Mobilität«, Zeitschrift »Horizonte« der Fachhochschulen in Baden-Württemberg.

Diez, W.; Reindl, S.; Frick, S.: Kilometer-Leasing als innovative Mobilitätsdienstleistung, von der Zeitschrift »Internationales Verkehrswesen« für die Veröffentlichung angenommen (erscheint im Mai/Juni).

Berichterstattung in elektronischen Medien (Hörfunk und Fernsehen):
Live-Interview von Prof. Dr. Willi Diez am 14. Januar 1999 beim Privatsender RTL in »RTL-aktuell«.

Mitschnitte der Pressekonferenz am 13. Januar 1999 in München:
- Radio Energie
- Radio GRONY
- BR Redaktion Wirtschaft

Interview von Prof. Dr. Willi Diez am 18. Januar beim Privatsender SAT 1.